M. Karthigeyan

Invertebrados

M. Karthigeyan

Invertebrados

ScienciaScripts

Imprint

Cover image: www.ingimage.com

This book is a translation from the original published under ISBN 978-620-5-49688-6.

Publisher:
Sciencia Scripts
is a trademark of
Dodo Books Indian Ocean Ltd. and OmniScriptum S.R.L publishing group

120 High Road, East Finchley, London, N2 9ED, United Kingdom
Str. Armeneasca 28/1, office 1, Chisinau MD-2012, Republic of Moldova, Europe
Managing Directors: Ieva Konstantinova, Victoria Ursu
info@omniscriptum.com

Printed at: see last page
ISBN: 978-620-8-50090-0

Índice

Capítulo 1 . Introdução

1.2 Introdução

INVERTEBRATES

Porifera

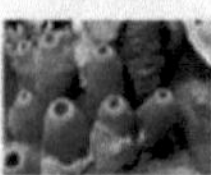

Proferi or **sponges** live in the seabed. Water passes through the pores which bring nourishment and oxygen. They are aquatic and sessile organisms, they live anchored to bottoms of both seas and freshwaters. Most of them reproduce asexually (budding) giving rise to colonies of sponges. They have calcareous or siliceous spicules in the shape of needles and stars, arranged around the central cavity which has the function of maintaining the swollen shape of the body.

Coelenterates

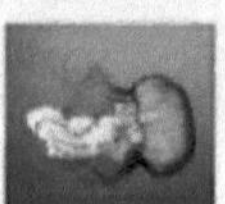

The **coelenterates** have a sack-shaped body with often stinging tentacles. They are:

- **Jellyfish**
- **Anemones**
- **Corals**

Polyps form coral reefs, corals that can be seen in coral reefs are the external skeletons of colonies formed by millions of polyps connected between theirs.

Platelminti

Platelminti are called flatworms, they live in fresh and salty waters and are in some cases parasites of other animals. They have a branched digestive and excretory system but with only one opening that serves both for the introduction of food and for the expulsion of waste substances. They breathe through the skin and on the head have primitive sense organs, the eyespots, which serve as tactile receptors and for the search for food. They are planaria and tapeworms, a parasite that can also lurk in the intestine of humans (2m in length).

Nematodes

Nematodes or cylindrical worms are small animals with filiform bodies. They live in various environments and include eels, parasites of many plants and pinworms, parasites that can infect the intestines of children.

Annelids

The **annelids** are worms with the cylindrical body divided into all equal parts, called metamers. This group includes terrestrial, marine, and other species of freshwater. The best known are the earthworm and the leech. The earthworm is a hermaphrodite and feeds on decaying animals, while the leech is a parasite that feeds on the blood of other animals.

Arthropods

Arthropods: arachnids, crustaceans, myriapods, insects. Arthropods, with over a million classified species, represent the largest group. The animals present:

- Articulated legs
- Bilateral symmetry
- They have an exoskeleton made up of chitin, a hard substance
- Body divided into segments

Os invertebrados são animais que não possuem nem desenvolvem uma coluna vertebral, derivada da notocorda. Incluem todos os animais com exceção do subfilo

Vertebrados. Os invertebrados são animais sem coluna vertebral. Mais de 90% dos animais são invertebrados entre os cerca de 15-30 milhões de espécies animais. Os invertebrados existem em quase todo o lado. Foram encontrados nos desertos mais secos, nos pontos mais altos da atmosfera e nas copas das florestas tropicais mais húmidas. Também existem na Antárctida gelada ou no fundo dos oceanos mais profundos. Quer se trate de afastar moscas irritantes, de desenterrar uma minhoca ou de admirar a complexidade de uma teia de aranha e muito mais, todos estes animais são invertebrados. Os invertebrados são tantos que é quase impossível contá-los a todos. Há tantas espécies de animais invertebrados de diferentes formas e tamanhos que nos ajudam de muitas maneiras e são vitais para a nossa sobrevivência. Os invertebrados servem de alimento aos seres humanos; são elementos-chave nas cadeias alimentares que sustentam as aves, os peixes e muitas outras espécies de ; vertebradose desempenham um papel importante na polinização das plantas.

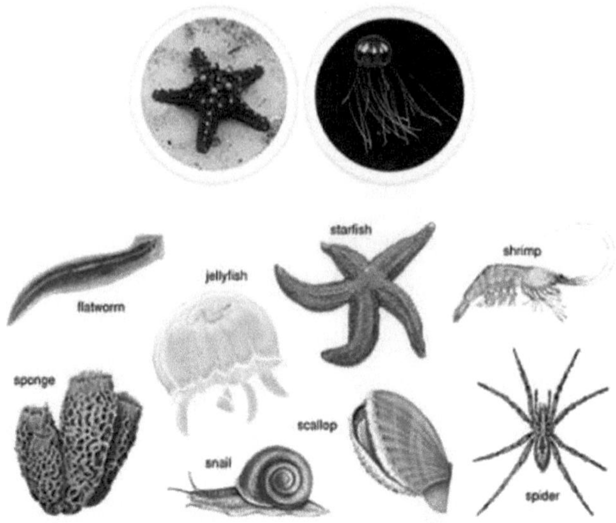

Figura 1.1 Invertebrados

Apesar de prestarem importantes serviços ambientais, os invertebrados são muitas vezes secundários na investigação e conservação da vida selvagem, sendo dada prioridade aos estudos que se centram nos grandes vertebrados. Além disso, vários grupos de invertebrados (incluindo muitos tipos de insectos e vermes) são vistos apenas como pragas e, no início do século XXI, a utilização intensiva de pesticidas em todo o mundo causou um declínio substancial das populações de abelhas, vespas e outros insectos terrestres. Para além da ausência de uma coluna vertebral, os invertebrados têm pouco em comum. De facto, estão distribuídos por mais de 30 filos. Em contraste, todos os vertebrados estão contidos num único filo, o Chordata. (O filo Chordata também inclui os esquilos marinhos e alguns outros grupos de invertebrados). Os invertebrados são geralmente animais de corpo mole que não possuem um esqueleto interno rígido para a fixação dos músculos, mas que possuem frequentemente um esqueleto externo duro (como na maioria dos moluscos, crustáceos e insectos) que serve também para a proteção do corpo.

1.2 Tipos de invertebrados

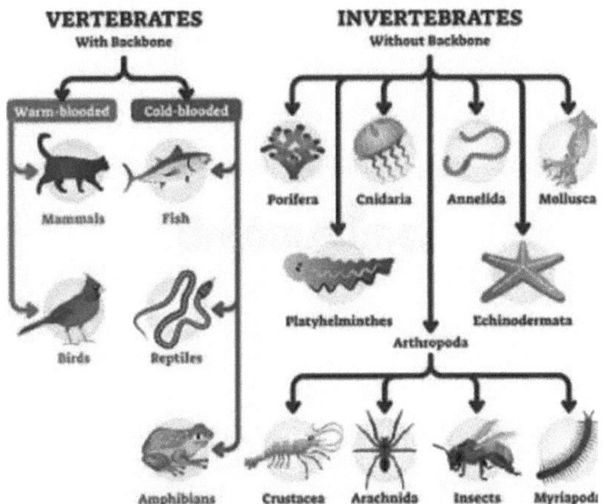

Figura 1.2 Classificação dos animais

Os invertebrados terrestres envolvem estes grupos e muitos também têm membros que vivem em ambientes marinhos e em água doce.

- Insectos
- Aranhas
- Vermes
- Escorregadores
- Lançadores de terra
- Centopeias
- Milípedes
- Vermes de veludo

Os invertebrados de água doce e marinhos pertencem aos seguintes grupos e alguns deles também têm membros terrestres.

- Estrelas-do-mar e ouriços-do-mar
- Anémonas e corais
- Caracóis e lesmas
- Esponjas
- Garrafas azuis e geleias
- Caranguejos, camarões, lagostins e lagostas

Os invertebrados existem em muitos tamanhos e formas diferentes. Algumas espécies de invertebrados, como as lombrigas nemátodes, são organismos microscópicos com apenas alguns milímetros de comprimento. Outros invertebrados são muito grandes, como a medusa de juba de leão, cujos tentáculos se estendem até 75 metros.

Algumas espécies de invertebrados, como os caranguejos ou os caracóis, são facilmente reconhecíveis como animais, com cabeça, olhos e boca distintos. Outros têm um plano corporal muito diferente, muitas vezes sem cabeças óbvias. As estrelas do mar, as esponjas e os corais são bons exemplos. Alguns invertebrados, incluindo as lulas que nadam rapidamente ou os insectos voadores como as abelhas, libélulas e traças, podem deslocar-se muito rapidamente. Outras espécies, como os corais, os vermes em leque, as anémonas-do-mar e as esponjas, permanecem imóveis durante grande parte, ou mesmo toda, a sua vida.

Os invertebrados são importantes para os seres humanos em muitos aspectos. As espécies de invertebrados marinhos que são valiosas como marisco incluem lulas, amêijoas, ostras, camarões e caranguejos. Em terra, os insectos podem consumir e proteger as culturas e podem polinizar as flores. Alguns insectos, como os mosquitos e as pulgas, são conhecidos por propagarem doenças humanas. Uma vez que os invertebrados constituem a grande maioria das espécies animais da Terra, é importante desenvolver uma compreensão da sua biologia e um apreço pela sua biodiversidade.

Um invertebrado é qualquer animal sem coluna vertebral interna que inclui animais como insectos, crustáceos, vermes, medusas e esponjas. A diversidade das espécies de invertebrados ultrapassa largamente a dos animais vertebrados. Um grupo de invertebrados chamado Artrópodes, que inclui insectos, aranhas e crustáceos, contém quase 80% de todas as espécies animais. Os restantes invertebrados constituem entre 12-15% de todas as espécies animais. Pensa-se que os primeiros invertebrados evoluíram entre 650 e 540 milhões de anos atrás a partir de organismos unicelulares semelhantes a certas células encontradas nas esponjas. Desde então, diversificaram-se e espalharam-se por quase todos os ambientes da Terra e evoluíram para animais muito sofisticados. Os invertebrados utilizam uma série de métodos para se reproduzirem, obterem alimento e sobreviverem - o sucesso dos seus métodos é evidente pelo grande número de invertebrados que existem atualmente na Terra.

- Insectos

Os insectos são uma classe de animais invertebrados e incluem a maioria de todas as espécies animais do mundo.

Figura 1.3 Insectos

São um grupo de enorme sucesso e incluem animais como abelhas, borboletas, baratas, moscas, mosquitos e formigas.

- Aranhas

As aranhas são um grupo de invertebrados terrestres carnívoros. Diferem dos insectos por terem apenas dois segmentos corporais em vez de três, oito patas em vez de seis e não terem antenas. As aranhas têm membros articulados e um esqueleto externo duro.

Figura 1.4 Aranhas

- Crustáceos

Os crustáceos são, na sua maioria, invertebrados marinhos e estão intimamente relacionados com as aranhas e os insectos. Os crustáceos incluem animais como os caranguejos, as cracas, as lagostas, os camarões e muitas espécies de zooplâncton.

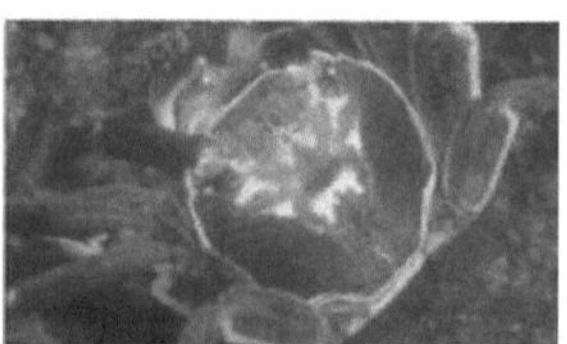

Figura 1.5 Crustáceos

- Moluscos

Os moluscos são um filo de invertebrados maioritariamente marinhos que inclui polvos, mexilhões, amêijoas, caracóis, lulas e muitos outros animais. Têm um "pé" muscular, um manto que produz uma concha e órgãos internos.

Figura 1.6 Moluscos

- Artrópodes

Arthropoda é um filo de animais que inclui muitos invertebrados bem conhecidos, como insectos, crustáceos, aranhas, centopeias e escorpiões.

Figura 1.7 Artrópodes

Distinguem-se pelo seu esqueleto externo duro ou concha e membros articulados.

- Vermes

Os vermes são invertebrados de uma variedade de grupos de animais distantemente relacionados.

São animais primitivos com corpos alongados, boca, intestino, ânus e geralmente não têm membros.

Os vermes mais comuns incluem as minhocas planas, as minhocas da terra e os poliquetas.

Figura 1.8 Vermes

- Esponjas

As esponjas só agora são classificadas como animais e pensa-se que foram um dos primeiros animais a evoluir.

Uma única célula de esponja pode sobreviver e reproduzir-se para criar uma colónia de células de esponja que trabalham em conjunto como um animal multicelular.

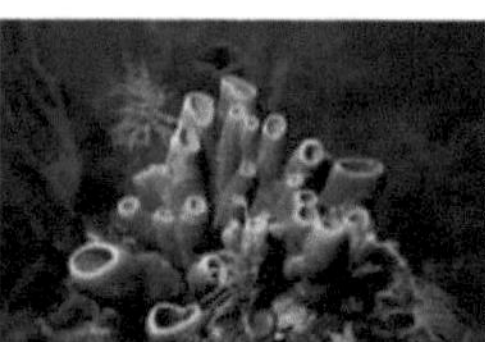

Figura 1.9 Esponjas

1.3 Mais informações sobre Animais Invertebrados

Invertebrado é o grupo de animais que não possuem uma coluna vertebral nem desenvolvem uma coluna vertebral durante a sua vida. É derivado da notocorda. Os animais invertebrados são diferentes dos animais vertebrados, uma vez que os animais vertebrados possuem colunas vertebrais ósseas ou cartilaginosas. Entre todos os seres vivos, mais de 90 por cento dos seres vivos são invertebrados. Os animais invertebrados incluem um grupo diverso que inclui estrelas do mar, minhocas, medusas, ouriços-do-mar, esponjas, lagostas, caranguejos, insectos, aranhas, caracóis, amêijoas e lulas. Os invertebrados têm a sua importância.

Os animais invertebrados são importantes como parasitas ou agentes transmissores de infecções parasitárias. Estes Invertebrados são também importantes como pragas agrícolas. A Zoologia dos Invertebrados é o estudo de todos os animais Invertebrados, ou seja, é o estudo dos animais sem coluna vertebral (estrutura que se encontra nos peixes, anfíbios, répteis, mamíferos e aves). A divisão dos Invertebrados em dois grupos foi efectuada por Carl Linnaeus.

Os invertebrados não são vertebrados, uma vez que não possuem uma medula espinhal ou coluna vertebral. Os animais sem coluna vertebral são conhecidos como Invertebrados. Os invertebrados constituem cerca de 97% de todos os seres vivos. Porifera, Cnidaria, Platyhelminthes, Nematoda, Rotifera, Mollusca, Annelida, Arthropoda e Echinodermata são os nove filos que compõem o reino dos Invertebrados. Os invertebrados são o grupo animal mais diversificado e abundante do planeta.

Os invertebrados representam mais de 140.000 espécies nos Estados Unidos, um número que está a aumentar à medida que são descobertas mais espécies. Aproximadamente 200 invertebrados nos Estados Unidos estão na lista de espécies ameaçadas de extinção.

Sistema Nervoso dos Invertebrados

Os invertebrados têm neurónios que são diferentes dos dos mamíferos. As células dos invertebrados disparam em reação a estímulos semelhantes aos experimentados pelos mamíferos, como lesões nos tecidos, temperaturas elevadas ou alterações de pH. A sanguessuga , medicinalHirudo medicinalis, foi o primeiro invertebrado em que se descobriu uma célula neuronal.

Sistema Respiratório dos Invertebrados

O sistema respiratório aberto dos artrópodes terrestres, que consiste em espiráculos, traqueias e traquéolas para transportar gases metabólicos de e para os tecidos, é um tipo de sistema respiratório dos invertebrados. Embora o número de espiráculos varie muito entre as ordens de insectos, cada segmento do corpo só pode ter um par de espiráculos, cada um dos quais está ligado a um átrio e tem um tubo traqueal bastante grande por detrás. As traqueias são invaginações do exoesqueleto cuticular que se ramificam (anastomose) por todo o corpo, com diâmetros que variam de alguns micrómetros a 0,8 mm. As traquéolas são os tubos mais pequenos que entram nas células e actuam como locais de difusão de água, oxigénio e dióxido de carbono.

Reprodução em Invertebrados

A maioria dos invertebrados, tal como os vertebrados, reproduzem-se em parte por reprodução sexual. Criam células reprodutoras especializadas que passam por meiose para produzir espermatozóides mais pequenos e móveis ou óvulos maiores e não móveis. Estes juntam-se para produzir zigotos, que evoluem para novas pessoas. Outros podem reproduzir-se assexuadamente ou, em certos casos, tanto sexualmente como assexuadamente.

Sabia que?

1. No século XXI, os dois organismos-modelo mais utilizados para fins de estudo são os invertebrados. A mosca da fruta Drosophila melanogaster e o nemátodo Caenorhabditis elegans são muito utilizados como organismos modelo. Foram das primeiras formas de vida a serem sequenciadas geneticamente. Devido ao estado reduzido dos seus genomas, esta sequenciação de genes foi facilitada.

2. As estrelas-do-mar também são invertebrados. Chamam-se estrelas-do-mar por causa dos seus braços que parecem raios que saem do seu corpo. As estrelas-do-mar vivem nas profundezas do oceano e na costa. Existem mais de 1600 espécies de estrelas-do-mar. As estrelas-do-mar deslocam-se com pés tubulares, com a ajuda da pressão hidráulica.

Capítulo 2. Caraterísticas dos invertebrados com exemplos

2.1 Caraterísticas dos invertebrados com exemplos

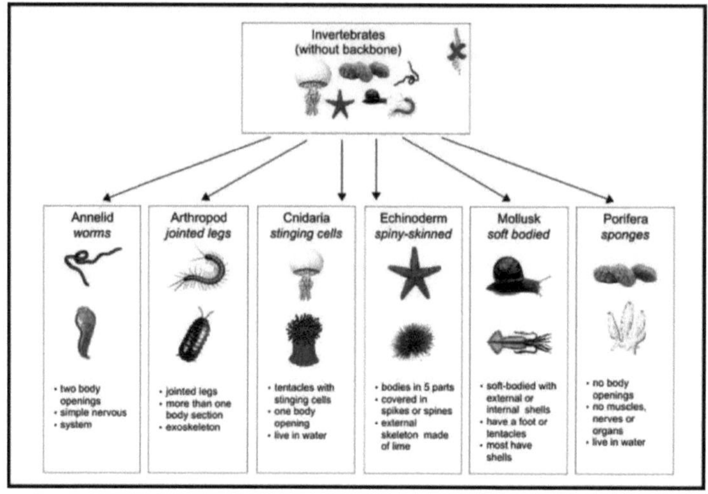

Agora que já sabes o que são invertebrados, vamos conhecer as suas caraterísticas.

- Todos os invertebrados não têm medula espinal ou coluna vertebral, em vez disso, a maioria possui um exoesqueleto que envolve todo o corpo.
- Normalmente, estes são minúsculos e não crescem muito.
- Não possuem pulmões, pois respiram através da pele.
- Uma vez que não podem produzir o seu próprio alimento, os invertebrados são heterotróficos.
- A reprodução ocorre por fissão.

Os invertebrados são todos os animais que não pertencem ao grupo dos vertebrados.

Existem principalmente quatro tipos de invertebrados, de acordo com a seguinte lista de filos.

- Filo Mollusca
- Filo Annelida
- Filo Artrópodes
- Filo Coelenterata

Cada grupo tem as suas próprias caraterísticas e adaptações.

Habitat

Encontram-se diferentes tipos de organismos vivos em diferentes regiões do mundo. Neste artigo, vamos estudar diferentes tipos de seres vivos e a forma como sobrevivem em diferentes tipos de climas. Como é que o habitat é diferente para diferentes organismos vivos? Uma determinada caraterística dos organismos vivos que lhes permite sobreviver no seu meio envolvente é conhecida como **adaptação** dc um organismo vivo. O meio onde os organismos vivos sobrevivem é conhecido como **habitat**.

- Encontram-se nos mares, na água doce, no ar e na terra, da neve ao deserto.
- 80% encontram-se em habitats terrestres.
- Os invertebrados mais bem sucedidos das terras são os Artrópodes.
- Os protozoários são de vida livre, parasitas ou comensais.
- As esponjas e os celenterados são animais aquáticos.

Tipos de Habitat

Os diferentes tipos de habitats são:

1) Habitat terrestre

- Plantas e animais que sobrevivem em terra.
- Três tipos:
- **O deserto:** À noite, os pequenos animais ficam na rua, enquanto durante o dia ficam dentro dos buracos profundos na areia.

As plantas não têm folhas. A fotossíntese é efectuada através dos caules.

- **Montanha:** As plantas são em forma de cone e as folhas têm uma estrutura em forma de agulha.

Os animais têm pelo espesso para os proteger do frio.

- **Prados:** De cor castanha, encontra-se na zona dos prados.

2) Habitat aquático

- Plantas e animais que vivem debaixo de água.

Lagoas

Plantas com as raízes fixas no solo. Plantas cujas raízes estão totalmente submersas na água.

Oceanos

Os animais têm guelras que os ajudam a utilizar o oxigénio dissolvido na água.

Alguns animais, como as baleias e os golfinhos, têm narinas para respirar.

Força numérica

- Entre 1,25 milhões de espécies animais, 95% (1,2 milhões) são invertebrados.

- Entre 1,2 milhões de invertebrados, 1 milhão são artrópodes.

Forma

- Forma variada.
- *As amebas* são corpos irregulares que mudam a cada instante.
- As esponjas e os celenterados são semelhantes a plantas.
- Os vermes chatos são semelhantes a folhas e têm forma de fita.
- Os anelídeos, nemerteanos e nemátodos são vermiformes.
- As estrelas-do-mar têm forma de estrela.

Tamanho

- Grande variação de tamanho.
- Desde os protozoários microscópicos até aos cefalópodes de grandes dimensões.
    - Os parasitas da malária *(Plasmodium)* são os mais pequenos (um quinto das hemácias humanas), enquanto os maiores são as lulas gigantes, *Architeuthis*, com um comprimento de corpo de 16,5 metros, incluindo os tentáculos.

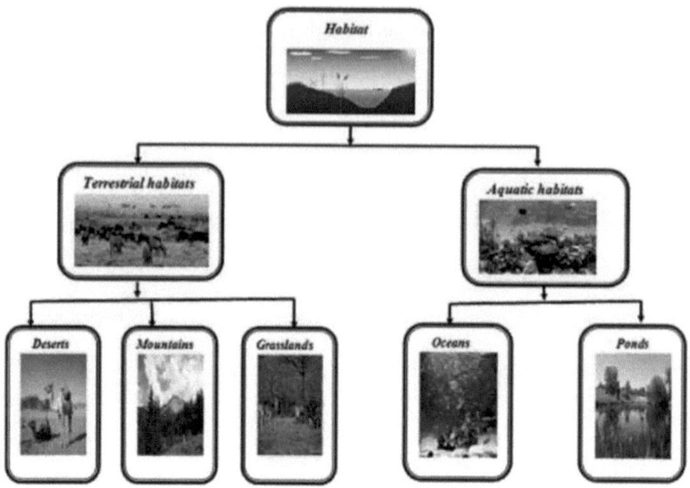

Figura 2.1 Habitat

Simetria

- Todos os tipos de simetria.
- Os protozoários são bilaterais ou radiais ou assimétricos.
- As esponjas são assimétricas ou radialmente simétricas.
- Os celenterados são radialmente simétricos.
- Os ctenóforos têm simetria biradial.

Alguns têm simetria esférica (Heliozoários e Radiolários). ***Grau de organização***

- Todos os graus da organização.
- Grau protoplasmático - Protozoários.
- Grau celular - Esponjas.
- Grau de tecido celular - Coelenterados.
- Grau de tecido-órgão- Vermes chatos.

Camadas de germes

- Ausente nos protozoários.

- Alguns são Diploblásticos (derivados de 2 camadas germinativas), enquanto outros são triploblásticos (3 camadas germinativas).
- Diploblásticos - Esponjas, Celenterados.
- Triploblástico - Outros invertebrados para além das esponjas e celenterados.

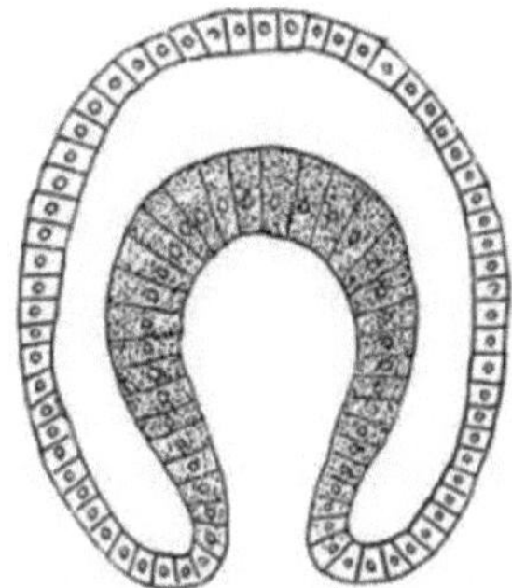

Figura 2.2 Camadas de germes

Inteiro simples

- O revestimento do corpo é simples.
- Protozoários- Membrana plasmática
- Outros possuem uma camada protetora exterior chamada epiderme.
- Alguns têm cutícula não celular ou cobertura quitinosa segregada pela epiderme.

Locomoção

- Sésseis - esponjas, corais.
- Pseudópodes, Cílios, Flagelos - Protozoários.
- Movimentos tentaculares - Celenterados, Moluscos.
- Setae, Parapodia, Suckers- Anelídeos.

- Pernas articuladas - Artrópodes.
- Braços - Equinodermes.

Segmentação

- Os vermes chatos apresentam pseudo-segmentação.
- A segmentação verdadeira é encontrada em Annelida e Arthropoda.

Endosqueleto vivo

- Não possuem um esqueleto interno rígido.
- Alguns, como os artrópodes e os moluscos, possuem um exoesqueleto duro para suportar e proteger o corpo.

Coelom

- Esponjas e celenterados - O corpo é um saco de duas camadas que envolve uma única cavidade (Acoelomado - Sem Coelomado).
- Pseudoceloma - possui uma cavidade entre a parede do corpo e o intestino (Nemátodos). Alguns possuem o verdadeiro celoma.

Intestino dorsal

- O tubo digestivo está ausente, parcialmente formado ou completo.
- Se presente, situa-se dorsal ao cordão nervoso, vai da boca terminal anterior até ao ânus terminal posterior.
- As fendas branquiais nunca se formam na parede da faringe.

Sistema digestivo

- A digestão tem lugar no interior da célula (digestão intracelular)- Protozoários, Esponjas.
- A digestão também ocorre fora da célula (digestão

extracelular).

- Os celenterados apresentam uma digestão intracelular e extracelular.

Sistema circulatório

- O sistema vascular sanguíneo está bem desenvolvido.
- Sistema circulatório aberto ou lacunar - Artrópodes, Moluscos.
- O sistema circulatório fechado também está presente.
- O coração encontra-se dorsal ao intestino e o sistema porta hepático está ausente.

Sistema respiratório

- Os protozoários, as esponjas, os celenterados e muitos vermes têm uma difusão direta de gases.
- Os anelídeos trocam gases através da pele húmida.
- As brânquias estão presentes nos invertebrados superiores.
- Os equinodermes possuem branquias e pés tubulares para a respiração.
- Nos insectos, o sistema traqueal está adaptado à respiração aérea.

Mecanismos excretores

- Difusão direta através das membranas celulares - Protozoários, esponjas, celenterados.
- Células de chama - Vermes chatos.
- Nefrídios verdadeiros - anelídeos e moluscos.
- Túbulos de Malpighi - Insectos.
- Células ameboides - Equinodermes.

Sistema nervoso

- Coelenterados (simetria radial) - A cabeça está ausente, o SNC é representado por um anel de tecido nervoso que envolve o corpo.
- Nos invertebrados bilateralmente simétricos - o SNC é representado por um par de cordões nervosos que correm ao longo da linha médio-ventral do corpo.
- Nos invertebrados superiores - os gânglios da cabeça formam o cérebro.
- Nervos sólidos, não ocos no interior.

Órgãos dos sentidos

- Protozoários - o protoplasto actua como um recetor.
- Flagelados - o estigma ou ponto ocular actua como um fotorreceptor.
- Coelenterados - células sensoriais longas.
- Vermes chatos - Ponto ocular, quimiorreceptores.
- Anelídeos - olhos simples.
- Artrópodes - olhos compostos.
- Artrópodes e Moluscos - Estatocistos (equilíbrio), Receptores tácteis, Quimiorreceptores.

Reprodução

- Fissão binária assexuada.
- Reprodução sexuada - Celenterados, Platyhelminthes, Anelídeos, Crustáceos.
- A fecundação pode ser tanto interna como externa.
- O desenvolvimento é direto ou indireto.

Animais de sangue frio

- Todos os invertebrados são de sangue frio.
- Significa que a temperatura do seu corpo entra em equilíbrio ou atinge a mesma temperatura que o ambiente externo.

2.2 Classificação dos Invertebrados

2.2.1 Filo Artrópodes

Os artrópodes são animais que têm um corpo segmentado. Os seus corpos são bilateralmente simétricos e possuem um forte exoesqueleto constituído por quitina. Os artrópodes são capazes de se adaptar rapidamente a diferentes ambientes. Exemplos de artrópodes são os escorpiões, as abelhas e as aranhas.

A carapaça de um escaravelho chama-se exosqueleto e compensa a falta de uma espinha dorsal, proporcionando rigidez e forma.

Figura 2.3 Filo Artrópodes

2.2.2 Filo Mollusca

Estes animais têm um corpo não segmentado, ao contrário dos artrópodes. A pele dos moluscos é constituída por um manto que liberta uma concha. A sua pele é macia e encontra-se maioritariamente na água do mar e na água doce. Exemplos de moluscos são o polvo, o caracol e a ostra.

Figura 2.4 Filo Mollusca

O maior invertebrado de sempre: Uma representação artística de uma lula colossal a lutar com um cachalote. Ao longo da história, há apenas uma mão-cheia de espécimes mortos encontrados em todo o mundo e que continuam a ser esquivos até hoje.

2.2.3 Filo Annelida

T O grupo dos anelídeos tem muitos vermes. Os seus corpos são segmentados e constituídos por 3 camadas, pelo que são designados por animais triploblásticos. Triploblástico refere-se ao facto de ter 3 camadas: ectoderme, mesoderme e endoderme. Exemplos de Annelida são a minhoca, a lagarta e a sanguessuga.

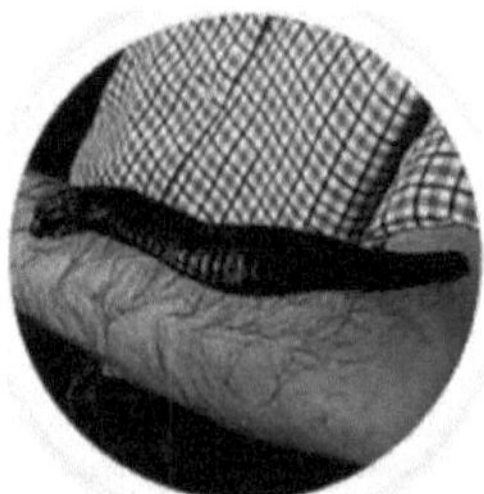

Figura 2.5 A maior sanguessuga

2.2.4 Filo Coelenterata

Os corpos dos celenterados são radialmente simétricos. Estes animais são diploblásticos, o que significa que os seus corpos são compostos por 2 camadas conhecidas como ectoderme e endoderme. Exemplos de celenterados são a hidra, a medusa e o coral.

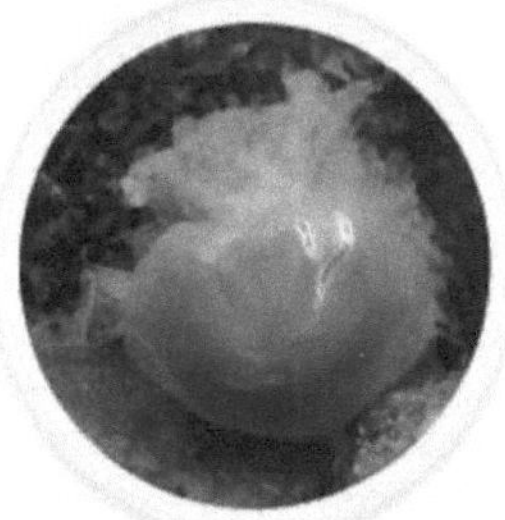

Figura 2.6 Filo Coelenterata

2.3 Mais informações sobre Classificação dos Invertebrados

Existem mais de 30 filos dedicados aos invertebrados. Com exceção de um, todos os filos animais são exclusivamente invertebrados. O filo Chordata está dividido em três subfilos, dois dos quais são constituídos por invertebrados. O terceiro subfilo, Vertebrata, inclui os animais vertebrados. Para além disso, há um grande número de espécies de invertebrados que estão extintas. Os principais filos exclusivamente de invertebrados que ainda existem atualmente são os seguintes

Phylum (includes)	Notable Characteristics	Example
Porifera (sponges)	multicellularity, specialized cells but no tissues, asymmetry, incomplete digestive system	sponges
Cnidaria (jellyfish, corals)	radial symmetry, true tissues, incomplete digestive system	jellyfish
Platyhelminthes (flatworms, tapeworms, flukes)	cephalization, bilateral symmetry, mesoderm, complete digestive system	flatworm
Nematoda (roundworms)	pseudocoelom, complete digestive system	roundworm
Mollusca (snails, clams, squids)	true coelom, organ systems, some with primitive brain	snail
Annelida (earthworms, leeches, marine worms)	segmented body, primitive brain	earthworm
Arthropoda (insects, spiders, crustaceans, centipedes)	segmented body, jointed appendages, exoskeleton, brain	insect (dragonfly)
Echinodermata (sea stars, sea urchins, sand dollars, sea cucumbers)	complete digestive system, coelom, spiny internal skeleton	sea urchin

Tabela 2.1 Classificação dos invertebrados

A organização dos invertebrados em cada um destes filos baseia-se nas suas relações evolutivas entre si. Dentro de cada filo, os organismos partilham determinadas caraterísticas e um certo nível de organização estrutural. Geralmente, essa organização torna-se cada vez mais complexa à medida que as espécies de invertebrados divergem e novos filos são formados. Os pormenores desta complexidade acrescida serão discutidos no conceito *Invertebrados: Evolução (Avançado)*. Neste conceito, resumiremos os tipos de organismos encontrados em cada filo e listaremos brevemente as caraterísticas que os distinguem das espécies de outros filos. Cada um desses filos é discutido em conceitos posteriores.

Capítulo 3 . Artrópodes

3.1 Artrópodes

Figura 3.1 Um "artrópode"

Um "artrópode" é um animal invertebrado que possui um exoesqueleto, um corpo segmentado e apêndices articulados.

As seguintes famílias de organismos são exemplos de artrópodes:

- Insectos como formigas, libélulas e abelhas
- Aracnídeos, como aranhas e escorpiões
- Os miriápodes (termo que significa "muitos pés"), como as centopeias e os milípedes
- Crustáceos, como caranguejos, lagostas e camarões

Os artrópodes são invertebrados com patas articuladas. Constituem cerca de 75% de todos os animais da Terra e têm um papel importante na manutenção dos ecossistemas como polinizadores, recicladores de nutrientes, necrófagos e alimento para outros animais. Incluem muitos animais que encontramos nos nossos jardins, como aranhas, formigas, centopeias e lesmas. Os artrópodes dividem-se em quatro grandes grupos:

Os artrópodes são um filo que inclui os insectos e as aranhas. São invertebrados, o que significa que não têm um esqueleto interno e espinha dorsal.

Em vez disso, têm um exoesqueleto duro no exterior, cuja camada superior é conhecida como cutícula. A cutícula é feita de proteínas e é muito versátil. Pode ser espessa e dura para proteção, fina e macia para flexibilidade e até elástica para movimento. Pode ser pesada ou leve para permitir o voo. Pode ser permeável, deixando entrar e sair água ou gases, ou pode ser sólida e impermeável. Também pode ser de cores diferentes. A pele é diferente em diferentes áreas do corpo, e a cutícula de um inseto também o é, porque serve muitos propósitos. Como a cutícula é tão versátil, esta caraterística principal permitiu que os insectos se tornassem um dos grupos de animais mais bem sucedidos da Terra.

3.1.1 Linha do tempo dos artrópodes

Os artrópodes existem há muito tempo. Os seus antepassados tiveram origem há 530 milhões de anos nos oceanos do Cambriano - numa época que ainda não é totalmente conhecida. Os artrópodes existem atualmente porque se adaptaram com sucesso a ambientes em mudança durante este longo período de tempo.

3.1.2 Distribuição de Artrópodes

Embora os artrópodes estejam por todo o lado, não sabemos como é que os diferentes grupos estão relacionados. Os cientistas propuseram muitas ideias contraditórias sobre a forma como os artrópodes evoluíram e se diversificaram. Os investigadores do Museu Australiano têm estado a estudar as relações entre grupos de artrópodes. Tentaram resolver os problemas da filogenia dos artrópodes reexaminando a informação disponível utilizando novas tecnologias e estudando alguns fósseis do Cambriano recentemente descobertos.

A nova tecnologia utilizada pelos investigadores incluiu: Sequenciação de ADN , microscopia eletrónica e análise filogenética assistida por computador. O Australian Museum encontra-se numa posição única para resolver o problema da filogenia dos artrópodes porque tem especialistas em todos os principais grupos de artrópodes.

Os animais que vivem atualmente têm uma grande evolução atrás de si, pelo que é difícil encontrar informação sobre os ramos profundos da árvore filogenética dos artrópodes. Para aumentar as hipóteses de encontrar pistas sobre estes ramos iniciais, os investigadores estudam as filogenias de cada grupo de artrópodes e depois escolhem apenas os animais que têm maior probabilidade de fornecer informações sobre os seus antepassados. Estes animais incluem os caranguejos-ferradura (ou caranguejos-rei), escorpiões, vermes de veludo, "camarões" leptostracos e insectos sem asas, como os peixes-prata.

3.1.3 Seis e oito pernas

O corpo de um inseto divide-se em três partes principais: a cabeça; a secção média, denominada tórax; e a secção final, denominada abdómen. O corpo de uma aranha tem dois segmentos: o cefalotórax e o abdómen.

Os insectos têm um cérebro, um sistema nervoso, um coração, um intestino para a digestão e tubos chamados traqueias para respirar oxigénio. Têm duas antenas e seis patas, ambas com órgãos especiais para sentir as vibrações sonoras e o movimento, e para "saborear" e "cheirar" os alimentos (embora não tenham papilas gustativas e narizes como nós). As aranhas têm oito patas e, em geral, têm olhos "simples" em vez dos olhos "compostos" que dão a muitos insectos uma visão muito melhor.

3.1.4 Ciclos de vida

A maioria dos insectos, como os escaravelhos, as vespas e as moscas, passam por uma metamorfose completa. Começam a vida como um ovo que eclode numa larva. A larva alimenta-se, cresce e desprende-se, transformando-se depois numa pupa, na qual ocorrem mudanças químicas. A fase final é a transformação no inseto adulto, que é capaz de se reproduzir. Nos insectos mais primitivos, como os gafanhotos e os insectos-pau, é utilizado outro tipo de desenvolvimento. Este processo é designado por metamorfose incompleta, em que o inseto sai do ovo como uma versão em miniatura do adulto. O inseto continua a crescer e, de cada vez que muda, aumenta de tamanho até atingir a idade adulta.

3.1.5 Agrupamentos

Os insectos estão divididos em dois grupos principais: os insectos sem asas, como os peixes de cerdas e os peixes-prata; e os insectos com asas, como as libélulas, baratas, gafanhotos, insectos-pau, escaravelhos, moscas, borboletas, formigas e abelhas. Muitas pessoas pensam que as aranhas são insectos - mas não são. As aranhas pertencem a um grupo diferente chamado aracnídeos, que também inclui os escorpiões. Existem cerca de um milhão de espécies conhecidas de insectos, e todos os anos são descobertas mais. No entanto, muitas delas também se perdem todos os anos devido à destruição do habitat, e muitas delas talvez nem sequer soubéssemos que existiam.

3.1.6 Em todo o lado

Os insectos podem ser encontrados em quase todos os tipos de habitats da Terra. Alguns parentes dos grilos vivem ativamente na neve, e há escaravelhos e baratas que vivem nas areias quentes dos desertos. Muitos insectos sobrevivem a condições adversas escavando e permanecendo inactivos, e alguns podem mesmo sobreviver durante anos depois de estarem completamente secos - reanimam quando colocados na água! Os insectos adultos podem variar em tamanho, desde menos de 0,2 milímetros (0,08 polegadas) nas vespas minúsculas até 30 centímetros (12 polegadas) nos insectos-pau. Os maiores insectos podem pesar até 70 gramas (2,5 onças). As maiores aranhas podem pesar até 3 onças (100 gramas). Sabias que existem mais espécies de escaravelhos no mundo do que qualquer outro tipo de animal, invertebrado ou não? E sabias que só o peso das formigas é aproximadamente igual ao peso de todos os seres humanos da Terra?

3.1 Tipos de Artrópodes

3.1.1 Trilobites

As trilobites eram uma antiga família de artrópodes marinhos que se extinguiu durante o evento de extinção Permiano-Triássico. Atualmente, são conhecidos sobretudo através de fósseis como o que se segue.

Figura 3.2 Asaphus platyurus

Viviam no fundo dos oceanos e ocupavam nichos ecológicos semelhantes aos que os crustáceos ocupam atualmente.

3.1.2 Quelicerados

Os Chelicerata são um ramo da árvore genealógica dos artrópodes que, à primeira vista, podem não parecer relacionados entre si.

Figura 3.3 Escorpião

Esta família inclui os aracnídeos (como as aranhas e os escorpiões), as aranhas-do-mar (que se assemelham aos aracnídeos mas têm algumas diferenças importantes) e os caranguejos-ferradura (que, apesar do seu nome, têm diferenças importantes em relação a outros crustáceos).

3.1.3 Myriápodes

O termo "miriápode" significa "muitas pernas" - por isso não é surpreendente que as centopeias, milípedes e outras criaturas com muitas pernas façam parte desta família.

Os miriápodes podem ter desde menos de dez patas até mais de 750! Isso parece-me excessivo.

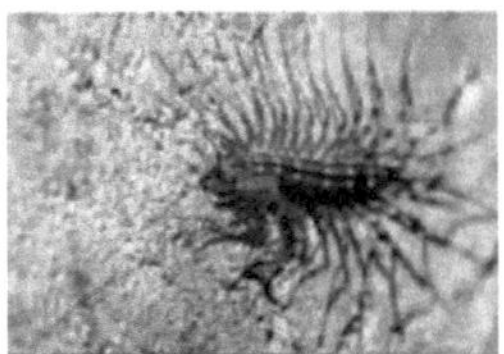

Figura 3.4 Myriapod

Os miriápodes encontram-se normalmente em florestas e noutros ecossistemas onde existe muita matéria vegetal e animal em decomposição para se alimentarem.

3.2.4 Crustáceos

Os crustáceos são uma família de artrópodes principalmente aquáticos que incluem lagostas, caranguejos, camarões, lagostins, cracas e o mais estranho - piolhos da madeira, também conhecidos como "pill bugs" ou "roly polys".

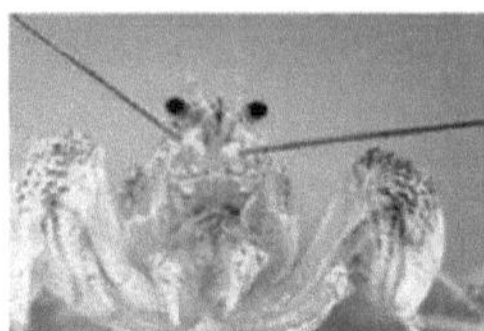

Figura 3.5 Crustáceo

3.2.5 Hexápodes

O termo "hexápode" significa literalmente "seis pés". Talvez não o surpreenda saber que os insectos - que têm todos seis patas - são hexápodes.

Figura 3.6 Hexápode

Os insectos incluem a maioria dos "bichos" com seis patas, tais como moscas, formigas, térmitas, escaravelhos, libélulas, mosquitos, baratas, borboletas e traças. Existem também três grupos muito mais pequenos de animais na categoria dos "hexápodes". Collembola, Protura e

Diplura foram outrora considerados insectos, mas mais tarde descobriu-se que tinham pequenas diferenças que os distinguiam dos outros insectos.

3.3 Exemplos de artrópodes

3.3.1 Formigas

Quando se pensa num corpo estereotipado de artrópode, pensa-se provavelmente numa formiga. As formigas têm exoesqueletos duros e pernas articuladas.

Têm também o corpo claramente segmentado em cabeça, tórax e abdómen.

Figura 3.7 Formigas

As formigas mostram um tipo de organização social que foi desenvolvido pelos artrópodes. As formigas, as abelhas e as térmitas são todos organismos ditos "eusociais" - organismos que vivem num grau extremo de cooperação, com "colónias" que funcionam quase como um único organismo. A maioria das espécies de artrópodes não é eussocial, mas a vida eussocial em colónia é um dos caminhos mais fascinantes.

3.1.4 Aranhas

As aranhas são também artrópodes, possuindo exoesqueletos duros, corpos segmentados e membros articulados.

Figura 3.8 Aranhas

As aranhas comem normalmente artrópodes mais pequenos, como mosquitos e moscas - embora comam qualquer ser vivo que consigam apanhar, e algumas aranhas particularmente grandes são conhecidas por comerem pássaros ou roedores!

As aranhas desenvolveram uma variedade de estratégias para apanhar as suas presas - algumas tecem teias pegajosas, quase invisíveis, nas quais as presas entram e ficam presas. Outras são caçadoras activas, incluindo as aranhas saltadoras que podem saltar a velocidades extremas utilizando mecanismos especiais nas suas pernas.

Algumas aranhas combinam estas duas estratégias, como é o caso das aranhas "alçapão", que montam armadilhas criando esconderijos para si próprias - e depois saltam para agarrar as presas desprevenidas que passam por elas!

3.1.5 Lagostas

Com a lagosta a ser considerada um alimento de luxo atualmente, é fácil esquecer que as lagostas pertencem à mesma família das aranhas e das formigas.

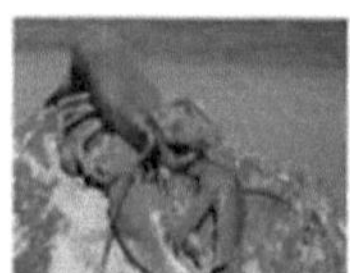

Figura 3.9 Lagostas

Os crustáceos podem crescer mais debaixo de água do que em terra - e as lagostas podem chegar a pesar quase 15 quilos!

O desenho do corpo das lagostas pouco mudou nos últimos 100 milhões de anos, e a sua anatomia é espetacularmente estranha. Os rins da lagosta estão localizados na cabeça, o cérebro na garganta e os dentes no estômago. As suas "orelhas" para captar o som estão localizadas nas pernas e as suas papilas gustativas, como as dos insectos, estão nos pés.

3.1.6 Borboletas

As borboletas são o exemplo mais famoso de metamorfose dos artrópodes.

A dada altura do seu ciclo de vida, todos os artrópodes passam por uma mudança drástica da sua fase larvar para a sua forma adulta.

Mas as borboletas são as únicas cujas formas adultas são tão bonitas que prestamos atenção a esta mudança. As caraterísticas comuns do exoesqueleto, dos membros articulados e do corpo segmentado podem ser observadas nas borboletas adultas.

Figura 3.10 Borboletas

3.2 Factos sobre os Artrópodes

Os artrópodes colonizaram a terra cerca de 100 milhões de anos antes dos vertebrados . Pensa-se que a colonização da terra foi mais fácil para eles por várias razões - incluindo o facto de já terem desenvolvido pernas, que utilizavam para caminhar no fundo do mar.

Cerca de 80% de todas as espécies animais são artrópodes! Não os vemos com muita frequência no nosso quotidiano, mas todas as espécies de insectos e crustáceos da Terra são importantes!

Todos os artrópodes sofrem metamorfose - um processo em que os seus corpos mudam radicalmente à medida que passam da fase larvar para a fase adulta. As borboletas são as mais conhecidas por entrarem em casulos como lagartas e saírem bastante diferentes, mas todos os artrópodes fazem algo semelhante!

Quando os artrópodes ultrapassam o seu exoesqueleto antigo, têm de fazer a muda - deixando para trás a sua pele anterior e criando uma nova. Todos os artrópodes têm de fazer isto pelo menos uma vez na vida.

Os crustáceos e os aracnídeos - dois tipos de artrópodes - têm sangue azul em vez de sangue vermelho! Isto deve-se ao facto de o seu sangue utilizar um composto de cobre azul para transportar o oxigénio, em vez do composto de ferro vermelho utilizado pelos animais.

Os exoesqueletos duros dos artrópodes são feitos de quitina - que é feita de um derivado do açúcar glicose! Mas a quitina não teria um sabor doce e não a poderíamos comer; para a tornar dura e forte, a glucose é modificada de modo a que o nosso corpo deixe de a reconhecer como açúcar.

Capítulo 4 . Sobre Cnidaria

4.1 Sobre os Cnidários

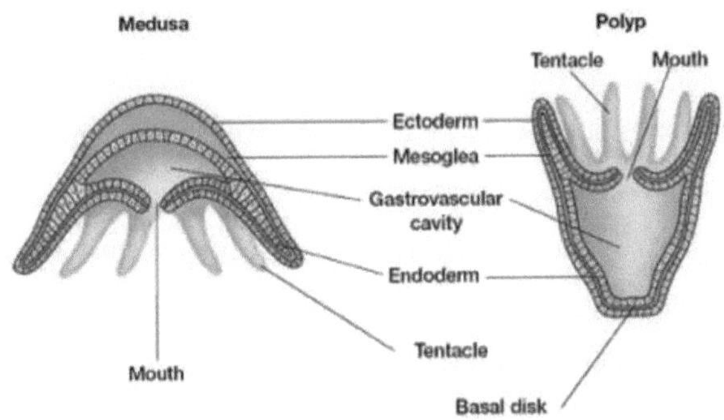

Figura 4.1 Sobre os Cnidários

Os cnidários são incrivelmente diversos na sua forma, como o demonstram os sifonóforos , coloniaisas medusas e os corais , maciçosos hidróides emplumados e as gelatinas de caixa com olhos complexos. No entanto, estes animais diversos estão todos armados com células urticantes chamadas nematocistos. Os cnidários estão unidos com base na presunção de que os seus nematocistos foram herdados de um único antepassado comum.

Figura 4.2 Cnidários

O nome Cnidaria vem da palavra grega "cnidos", que significa urtiga. Se tocarmos casualmente em muitos cnidários, torna-se claro como receberam o seu nome: os seus nematocistos ejectam fios farpados com veneno.

Muitos milhares de espécies de cnidários vivem nos oceanos de todo o mundo, dos trópicos aos pólos, da superfície ao fundo. Algumas até se enterram. Um número mais reduzido de espécies encontra-se nos rios e lagos de água doce.

4.2 Filo Cnidaria Exemplos

Alguns exemplos de membros pertencentes ao Filo Cnidaria são

- Medusas - Phyllorhiza punctata (Scyphozoa)
- Medusa de caixa - Carybdea branchi (Cubozoa)
- Sifonóforo - Physalia physalis (Hydrozoa)
- Polypodium hydriforme (Polypodiozoa)
- Cerianthus filiformis (Ceriantharia)
- Anémonas-do-mar (Actinaria, parte de Hexacorallia)
- Leque-do-mar Gorgonia ventalina (Alcyonacea, parte de Octocorallia)
- Coral Acropora muricata (Scleractinia, parte de Hexacorallia)

Cnidaria - Nomes comuns

Os cnidários são animais de corpo mole, radialmente simétricos, que se encontram em habitats aquáticos. Os seus nomes comuns são anémonas-do-mar, medusas, corais e hidras. Alguns outros cnidários incluem os homens-de-guerra portugueses, os leques-do-mar, as canetas-do-mar e os chicotes-do-mar.

4.3 Caraterísticas dos Cnidários

- A maioria das entidades marinhas, enquanto algumas, como a hidra, são encontradas em água doce
- Enquanto algumas são solitárias (anémonas-do-mar), outras são coloniais (corais)
- Apresentam um grau de organização tecidular e são diploblásticos
- Os membros exibem simetria radial, mas as anémonas-do-mar exibem simetria biradial
- A parede do corpo é constituída por um epitélio exterior, designado por epiderme, e por um epitélio interior, designado por gastroderme. Entre a epiderme interna e a externa existe uma mesogleia gelatinosa

Existem duas formas diferentes de cnidários -

- Pólipo e medusa.

O pólipo é do tipo hidroide, séssil, com a boca virada para cima. A medusa tem forma de sino ou de guarda-chuva, com alinhamento da boca para baixo

- A mesogleia é constituída por células ameboides que provêm do ectoderma.

A mesogleia nos pólipos é fina e espessa nas medusas, essencial para a flutuabilidade.

A parede do corpo é constituída por células urticantes designadas por cnidócitos. Cada uma das células dos cnidócitos contém cápsulas membranosas cheias de líquido - cnida. Os cnidócitos são funcionais na defesa e captura das presas.

Possuem uma cavidade central cega em forma de saco, designada por cavidade gastrovascular ou celenterons, que se abre para fora pela boca rodeada de tentáculos. A boca é funcional na ingestão e na ejeção. Os celenterons ajudam na digestão e na circulação.

Através do processo de difusão através da parede do corpo, ocorre a troca de gases respiratórios e a eliminação de resíduos excretores.

Os neurónios estão ligados, formando um par de redes nervosas - uma na gastroderme e a outra na epiderme. Os impulsos nervosos viajam em qualquer direção. Para além das redes nervosas, as medusas têm gânglios e anéis nervosos que rodeiam a margem do sino.

Na forma medusoide, ocorrem estruturas sensoriais (estatocistos). A reprodução assexuada dá-se por fissão, brotamento e fragmentação. Geralmente unissexuais, mas alguns são bissexuais.

Ocorre fertilização externa e a clivagem é holoblástica. O desenvolvimento é indireto e inclui uma fase larvar ciliada de natação livre designada por plânula. A alternância da forma de pólipo de reprodução assexuada em espécies com fases de pólipo e medusa e da forma de medusa de reprodução sexuada é referida como metagénese. Apresentam regeneração.

4.4 Caraterísticas específicas dos Cnidários

- Os cnidários apresentam uma caraterística específica - tentáculos com nematócitos urticantes que funcionam como pequenos arpões que reagem a estímulos libertando minúsculas células urticantes que podem envenenar e prender potenciais presas.
- Os cnidários não apresentam ossos e sistema nervoso central, mas sim uma rede nervosa. Os membros deste grupo têm apenas

duas camadas corporais - a ectoderme e a endoderme. A mesogleia encontra-se entre estas duas camadas do corpo. A mesoglea (gelatinosa) serve apenas de cola em alguns destes membros, enquanto que na maioria dos animais cnidários, como se vê nas medusas, constitui a maior parte do animal.

- A cavidade principal do corpo tem uma abertura principal, a boca, que está rodeada de tentáculos. Nas formas não móveis ou sésseis, a boca está virada para cima. Na forma móvel da medusa, a boca é virada para baixo.
- Os músculos da parede do corpo ajudam a medusa a nadar, enquanto os tentáculos das anémonas e dos corais se movem com a ajuda da ação hidrostática.

4.5 Simetria corporal dos cnidários

A maioria dos cnidários apresenta simetria radial, em que a simetria gira em torno de um ponto central, de tal forma que qualquer linha traçada através do centro da entidade divide o corpo em imagens espelhadas. Vários cnidários também apresentam um segundo eixo de simetria bilateral, alguns outros apresentam apenas simetria bilateral. Simetria bilateral é quando um único plano é desenhado através do centro da entidade, mostrando imagens espelhadas através do plano. Os membros desta classe contêm membros com simetria radial e os membros com simetria bilateral, os membros exibem ambos os tipos de simetrias.

4.6 Classificação dos Cnidários

A classificação dos Cnidários divide-se em 4 categorias principais

- Anthozoa - quase totalmente sésseis. Ex - corais, anémonas-do-mar, canetas-do-mar

- Scyphozoa - natação (medusas verdadeiras)
- Cubozoa - gelatinas de caixa, possuem olhos complexos e toxinas potentes
- Hydrozoa - o grupo mais diversificado com hidróides, sifonóforos, várias medusas, corais de fogo

4.7 Factos sobre os cnidários

- Embora o nome científico seja 'Cnidaria', são conhecidos pelos seus nomes comuns. Aqui estão alguns factos interessantes sobre os Cnidaria.
- O filo cnidaria é constituído por invertebrados e o seu tamanho varia entre ¾ de polegada e 61/2 pés de diâmetro. Estes podem crescer até um comprimento de 250 pés.
- O peso da espécie pode rondar os 440 quilos.
- O tempo de vida dos Cnidaria é de cerca de 4000 anos, e estes vivem numa dieta carnívora.
- Os Cnidaria podem ser encontrados em todos os oceanos do mundo.
- Os Cnidaria polipóides distinguem-se pelos tentáculos e têm uma boca virada para cima, como o coral ou a anémona. As formas corporais dos cnidários estão ligadas a uma colónia de animais ou a um substrato.
- Os tipos medusóides são semelhantes às medusas, que têm um corpo ou uma barriga em cima, a boca pendurada e tentáculos em baixo.

Os Cnidaria são uma espécie diversificada no seu habitat, podendo ser encontrados em todos os oceanos do mundo. Encontram-se em águas temperadas polares e tropicais. Dependendo da sua espécie, os habitats dos cnidários podem ser encontrados em várias profundidades de água e perto da costa. Podem sobreviver em águas pouco profundas, em águas profundas e em habitats costeiros.

O comportamento e a dieta dos cnidários

Os Cnidaria são carnívoros e utilizam os seus tentáculos para se alimentarem do plâncton e de outros organismos aquáticos mais pequenos.

Utilizam as suas células urticantes para pescar quando o gatilho na extremidade do cnidócito é ativado. Isto faz com que o fio se desenrole para fora, virando-o do avesso. O fio envolve-se então e apunhala o tecido da presa, injectando uma toxina.

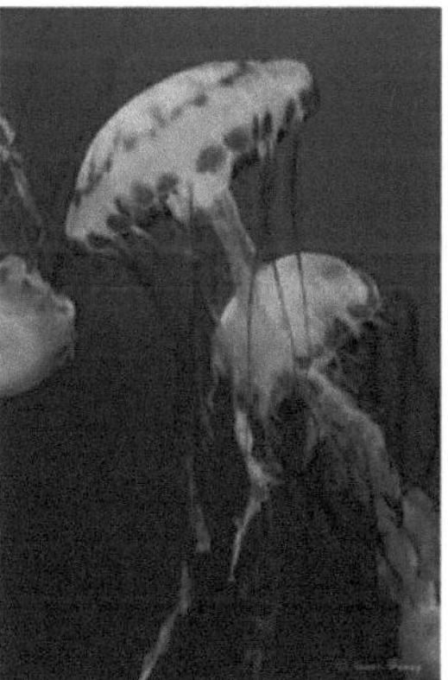

Figura 4.3 Comportamento dos Cnidários

Alguns dos Cnidaria, como os corais, são habitados por algas que fazem fotossíntese. Este é um processo através do qual o carbono chega ao hospedeiro Cnidaria. Em grupo, os Cnidaria podem regenerar-se e reorganizar os seus corpos. Isto pode significar que são imortais. Os mais antigos dos Cnidaria são os corais do recife, conhecidos por viverem mais de 4000 anos. Há, no entanto, alguns tipos de pólipos que vivem apenas 4 a 8 dias.

Cnidaria descendência e reprodução-

As diferentes espécies de Cnidaria reproduzem-se de várias formas. Estas podem reproduzir-se assexuadamente, ou seja, por brotamento. Neste processo, um novo órgão cresce a partir do organismo principal. Ou podem reproduzir-se sexuadamente, como quando ocorre a desova. O macho e a fêmea libertam o esperma e o óvulo na coluna de água, produzindo as larvas que nadam livremente.

O ciclo de vida dos Cnidaria é complexo e varia consoante as classes.

O ciclo de vida arquetípico dos Cnidaria começa como zooplâncton, que evolui para a fase de pólipo séssil.

Os pólipos são depois fixados ao fundo do mar, que se transforma numa medusa que nada na água. No entanto, algumas espécies mantêm-se como recifes de coral em forma de pólipo.

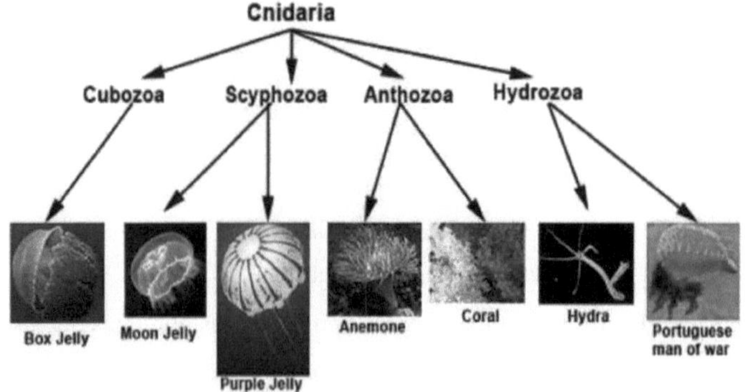

Conservação-

Os Cnidaria, como as medusas, são provavelmente tolerantes às alterações climáticas. Algumas estão a prosperar e ocupam o habitat de outras formas de vida. Os corais estão, no entanto, ameaçados devido aos danos ambientais e à acidificação dos oceanos.

Cnidários e seres humanos

Os Cnidaria podem interagir com os seres humanos de várias formas. Estes são procurados em actividades recreativas, como os mergulhadores que vão aos recifes para ver os corais. É importante saber que nem todos os Cnidaria são seguros. Se nos aproximarmos deles, podem picar.

Alguns podem mesmo ser fatais. Há certos Cnidaria que podem ser comidos. Estas podem ser recolhidas para fins comerciais, para serem guardadas em aquários ou para fazer jóias.

4.8 Filo Cnidaria

O filo **Cnidaria** (pronuncia-se "nih DARE ee uh") inclui animais de corpo mole com ferrão, como os corais, as anémonas-do-mar e as medusas (Fig. 3.23 A). O nome do filo deriva da palavra de raiz grega *cnid* - que significa *urtiga,* uma planta urticante. Os cnidários encontram-se em muitos ambientes aquáticos.

As anémonas-do-mar estão amplamente distribuídas, desde as águas frias do Ártico até ao equador, desde as poças de maré pouco profundas até ao fundo do oceano profundo. As medusas flutuam perto da superfície dos oceanos abertos e em alguns lagos tropicais de água doce. Os corais encontram-se principalmente em águas tropicais pouco profundas, mas alguns crescem em águas oceânicas frias e profundas. Pequenos cnidários do tipo anémona, como a *Hydra* sp., também se encontram em lagos e ribeiros de água doce. Os cnidários variam em tamanho, desde animais minúsculos, não maiores do que uma cabeça de alfinete, até graciosos gigantes com tentáculos de vários metros de comprimento.

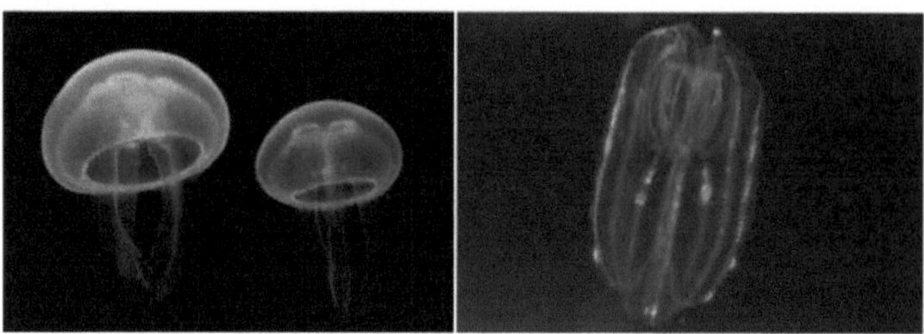

Figura 4.4 Geleias lunares *(Aurelia aurita)* do filo Cnidaria

Alguns animais que se assemelham aos cnidários não fazem, de facto, parte do mesmo filo. Um exemplo disso é um tipo de gelatina chamada ctenóforo (figura acima). Os ctenóforos foram retirados do filo Cnidaria e colocados num novo filo chamado Ctenophora (pronuncia-se ti-NOF-or-uh). Embora tanto os ctenóforos como os cnidários tenham corpos semelhantes, com finas camadas de tecido que envolvem uma camada intermédia de material gelatinoso, os cientistas agrupam-nos agora separadamente. Estas filas de favos, designadas por ctenes *(ctene* que significa *favo)*, é a razão pela qual os ctenóforos recebem o nome comum de gelatinas em favo.

No filo Porifera, vimos um corpo formado por células agregadas sem organização em camadas de tecidos ou órgãos.

Os cnidários têm um plano corporal ligeiramente mais organizado e possuem tecidos, mas não órgãos. A maioria dos cnidários tem duas camadas de tecido. A camada exterior, a **ectoderme**, tem células que ajudam a capturar alimentos e células que segregam muco. A camada interna, a **endoderme**, tem células que produzem enzimas digestivas e quebram as partículas de alimento. O material gelatinoso entre as duas camadas é chamado de **mesoglea**.

Todas estas camadas do corpo rodeiam uma cavidade central chamada **cavidade gastrovascular**, que se estende até aos tentáculos ocos. Os planos corporais dos cnidários têm geralmente uma simetria radial. Como os tentáculos dos corais, medusas e anémonas-do-mar têm esta estrutura radial, podem picar e capturar alimentos vindos de qualquer direção.

Muitos cnidários assumem duas formas estruturais principais durante os seus ciclos de vida, a forma de pólipo e a forma de medusa.

A forma de **pólipo** tem um corpo com a forma de um cilindro oco ou de um saco que se abre e fecha na parte superior. Os tentáculos formam um anel à volta de uma pequena boca no topo do saco. A boca conduz a uma cavidade central do corpo, a cavidade gastrovascular.

Figura 4.5 Anémona em forma de cilindro

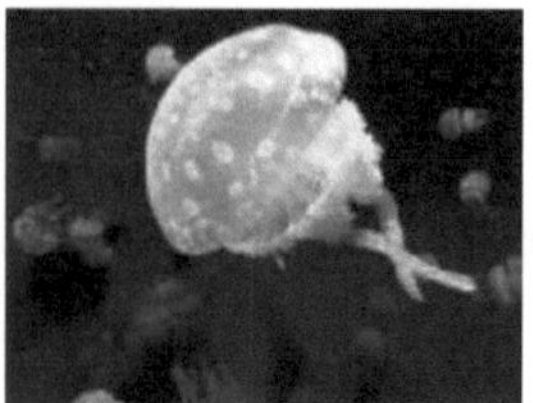

Figura 4.6 Medusa

Os pólipos fixam-se a superfícies duras com a boca para cima. Como são organismos sésseis, só podem capturar alimentos que toquem nos seus tentáculos. A sua camada mesogleia é muito fina.

Os corais e as anémonas-do-mar são pólipos. A maioria destes animais é pequena, mas algumas anémonas-do-mar podem atingir 1 metro de diâmetro. A segunda forma estrutural que os cnidários apresentam é a chamada forma de **medusa**.

Figura 4.7 Coral mole *Anthomastus* sp.

Os corpos das medusas têm a forma de um guarda-chuva com a boca e os tentáculos pendurados na água. A boca conduz para cima, para a cavidade gastrovascular. As medusas (plural; a forma singular é *medusa)* não são sésseis, mas sim móveis, o que significa que nadam livremente no oceano. A sua mesogleia é espessa e constitui a maior parte do seu volume. As medusas são medusas. As medusas existem em vários tamanhos, desde as pequenas medusas de 2,5 centímetros de comprimento até à medusa de juba de leão, que tem um guarda-chuva com mais de 2 metros de diâmetro.

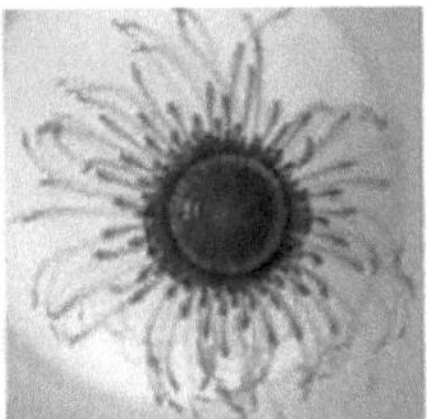

Figura 4.8 *Porpita porpita,* conhecida como Botão Azul, uma colónia de hidróides que rodeia um flutuador

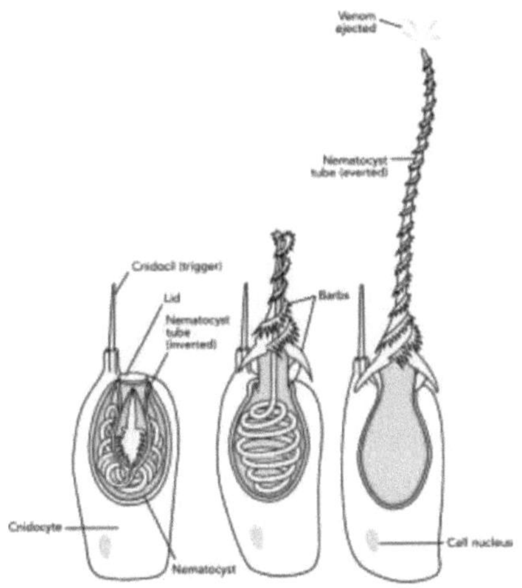

Figura 4.9 Diagrama de um cnidócito a ejetar um nematocisto

Em muitos aspectos, os pólipos e as medusas têm o mesmo plano corporal básico, exceto que cada um está de cabeça para baixo em comparação com o outro. Alguns cnidários passam tanto por uma fase de pólipo como de medusa no seu ciclo de vida. No entanto, uma ou outra é a fase dominante em diferentes espécies.

4.9 Os cnidários têm uma caraterística única: -

As células urticantes denominadas **cnidócitos** (NID-uh-sites).
Cada célula de cnidócito tem uma estrutura tubular longa, enrolada e semelhante a um arpão, chamada
um **nematocisto**
(palavra de raiz grega *nema* que significa *fio;* palavra de raiz grega *cyst* que significa *saco).*
O nematocisto não disparado é invertido em si mesmo, como uma meia amassada e virada do avesso. Quando o nematocisto detecta alimento através do tato ou da quimiorreceção, dispara para fora, injectando veneno através do seu tubo na presa.
Cada nematocisto pode disparar apenas uma vez, mas novos cnidócitos crescem para substituir os usados. A estrutura dos cnidócitos é específica das diferentes espécies de cnidários.
Todos os cnidários são predadores carnívoros. As medusas capturam pequenos animais à deriva com os seus tentáculos cheios de cnidócitos com ferrão.
Até os pólipos de coral sésseis e as anémonas-do-mar são predadores prontos a picar a presa, agarrá-la com os seus tentáculos e empurrá-la para a boca. A potência do veneno urticante varia consoante as espécies. Alguns venenos de cnidários têm pouco efeito no ser humano. Outros são extremamente tóxicos. O veneno da caravela-portuguesa *(Physalia physalis)* é suficientemente potente para infligir uma picada dolorosa, mesmo depois de ter dado à costa na praia.

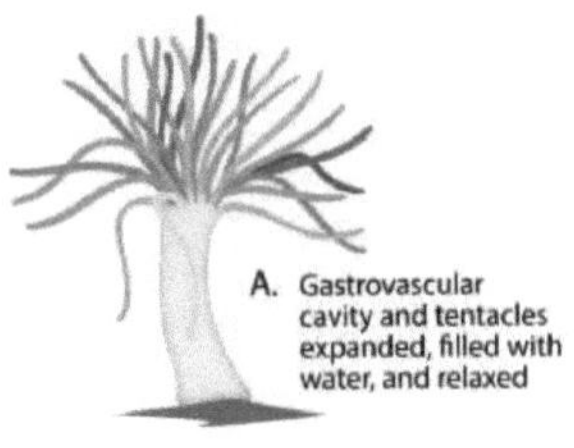

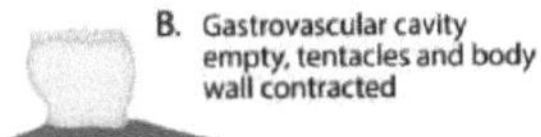

Figura 4.10 Esqueleto hidrostático de uma anémona-do-mar (**A**) Esqueleto hidrostático cheio de água e com os tentáculos da anémona estendidos (**B**) Esqueleto hidrostático esvaziado com os tentáculos da anémona contraídos

Ao contrário das esponjas, que têm estruturas esqueléticas feitas de espongina ou espículas, as anémonas-do-mar e as medusas não têm qualquer estrutura esquelética para suportar os seus tecidos moles. Para se sustentarem, enchem a cavidade gastrovascular com água e fecham bem a boca, colocando a água sob pressão, como num balão cheio de água. A pressão da água suporta os tecidos moles. Esta caraterística é designada **por esqueleto hidrostático**. Se a anémona do mar abrir a boca ou contrair a parede do corpo com força, a água sai e o corpo entra em colapso. São necessários vários minutos para bombear a água de volta para a cavidade. Os pólipos de coral também têm um esqueleto hidrostático, mas estão frequentemente assentes num esqueleto duro feito de calcário mineral (carbonato de cálcio ou $CaCO_3$). **Os recifes de coral** são os esqueletos calcários agregados de muitos pólipos de coral.

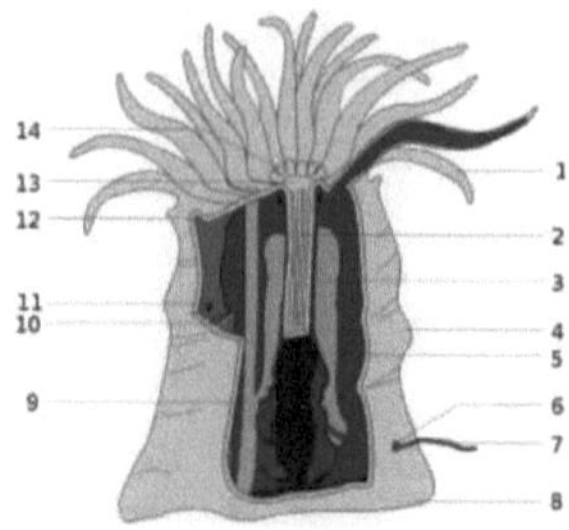

Figura 4.11 Anatomia de uma anémona-do-mar mostrando algumas estruturas internas. 1. Tentáculo, 2. Faringe, 5. Septo, 8. Disco pedal, 9. Músculo retrator, 12. Colarinho, 13. Boca, 14. Disco oral

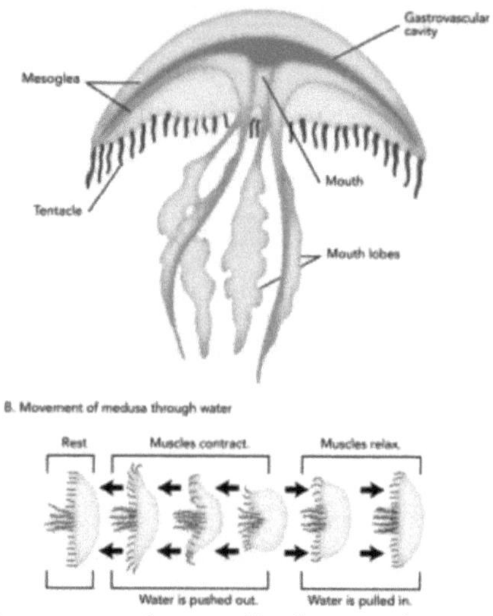

Figura 4.12 Plano corporal generalizado e movimentos de natação de uma medusa

Os cnidários não têm órgãos. Isto significa que não possuem sistemas respiratório ou circulatório. Tal como as células das esponjas, as células dos cnidários obtêm oxigénio diretamente da água que as rodeia. Os nutrientes dos alimentos digeridos passam através do líquido entre as células para nutrir todas as partes do corpo, e os resíduos saem pela mesma via. Os cnidários têm um sistema nervoso muito simples, constituído por células com fibras longas e finas que respondem a estímulos mecânicos ou químicos. As fibras ligam-se, formando uma rede chamada **rede nervosa**. Os nervos enviam impulsos para as **células musculares**, que respondem contraindo-se. Apesar da sua falta de complexidade, a rede nervosa permite que os cnidários respondam ao seu ambiente.

Os cnidários têm, de facto, uma biologia sensorial mais sofisticada do que as esponjas. A capacidade de responder a um estímulo de tato ou pressão é chamada **mecanorrecepção**. Quando algo toca na superfície da anémona-do-mar, as células nervosas enviam impulsos para as células musculares da parede do corpo, as células musculares contraem-se e a anémona move-se.

A quimiorreceção é a capacidade de responder a estímulos químicos. A quimiorreceção inclui o paladar e o olfato, duas formas de detetar substâncias químicas. A quimiorreceção é crucial para encontrar e testar alimentos, detetar substâncias nocivas e, em alguns organismos, selecionar e atrair parceiros e encontrar locais adequados para viver.

Os cnidários também dependem da quimiorreceção para estas coisas. A capacidade de responder a alterações na intensidade da luz é chamada **fotorrecepção**.

A maioria dos cnidários tem a capacidade de detetar alterações na luz e na escuridão. As medusas têm olhos capazes de formar imagens, o que as torna os cnidários mais derivados em termos de biologia sensorial. Por fim, a maioria das medusas tem uma estrutura sensorial chamada estatocisto, que é mais densa do que a água. A atração gravitacional sobre o estatocisto ajuda as medusas oceânicas a distinguir a direção para baixo.

Para responder a estímulos, os cnidários utilizam um sistema muscular rudimentar constituído por células musculares dispostas em bandas para cima e para baixo na parede do corpo e num círculo à volta da cavidade bucal. O corpo encurta quando as bandas verticais se contraem. Se os músculos de apenas um lado se contraem, o corpo dobra-se nessa direção. A boca fecha-se quando o músculo circular se contrai. Muitas medusas são suportadas por uma estrutura em forma de guarda-chuva que é composta por uma camada modificada de mesoglea. Quando um anel de músculos se contrai, um jato de água é forçado a sair de debaixo do guarda-chuva, movendo a medusa para a frente. Quando os músculos relaxam, a mesoglea rígida volta à sua forma original e o guarda-chuva abre-se novamente.

A alternância entre a contração e o relaxamento dos músculos cria movimentos pulsantes que impulsionam a medusa através da água. Mesmo assim, as medusas são tão fracas nadadoras que são consideradas plâncton. **O plâncton** é um organismo aquático que não consegue nadar contra a corrente.

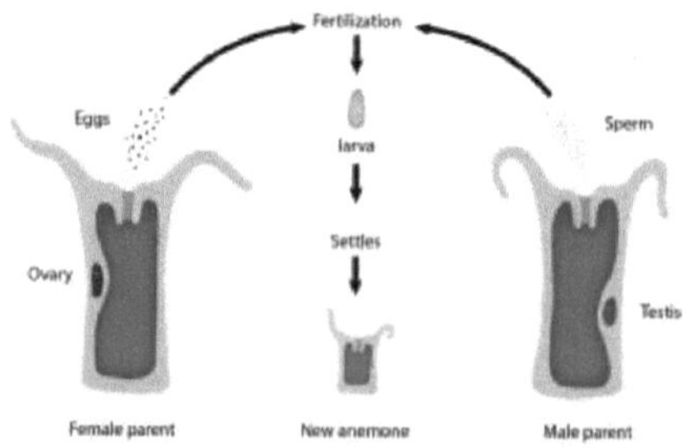

Figura 4.13 Diagrama da reprodução sexual externa em anémonas-do-mar e corais

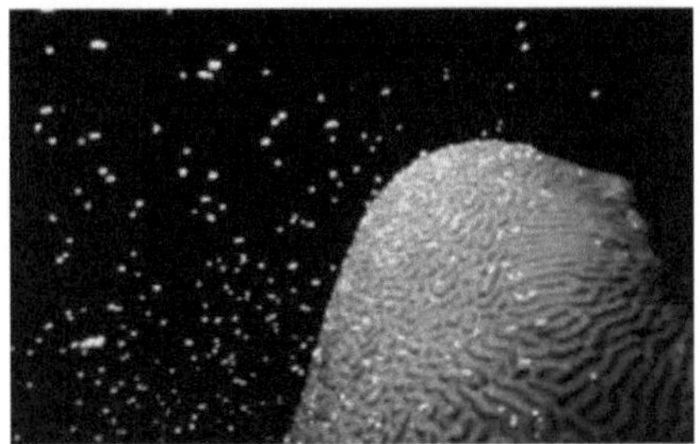

Figura 4.14 Coral-cérebro libertando feixes de espermatozóides durante um evento de desova Os cnidários reproduzem-se tanto de forma sexuada como assexuada. Algumas espécies podem produzir tanto óvulos como espermatozóides no mesmo organismo. Estes organismos são chamados hermafroditas simultâneos e libertam gâmetas no oceano em feixes de esperma-ovo. Algumas espécies também são machos ou fêmeas e produzem óvulos ou espermatozóides. A fecundação (a união do óvulo e do espermatozoide) pode ocorrer externamente na água mas também pode ocorrer internamente. Muitas espécies de corais reproduzem-se externamente, num processo designado por desova em série. Estas espécies tendem a ter eventos de desova síncronos em que todos os indivíduos da colónia ou área libertam os seus gâmetas ao mesmo tempo. Este processo é frequentemente desencadeado por sinais ambientais como a lua cheia, a temperatura ou sinais químicos de outros indivíduos. A desova em cadeia aumenta a probabilidade de os espermatozóides e os óvulos da mesma espécie se encontrarem e de ocorrer uma mistura genética.

Noutros cnidários, o macho liberta esperma na água, mas a fertilização ocorre no interior do corpo, quando o esperma de uma colónia de machos entra na fêmea e fertiliza os ovos internamente. Este tipo de reprodução sexual é designado por incubação, resultando na libertação de uma larva completamente formada. Após a fertilização nos cnidários que se reproduzem, o novo organismo transforma-se numa larva que nada por meio de **cílios** - pequenas estruturas semelhantes a pêlos que a movem batendo para a frente e para trás. Como as larvas não podem nadar facilmente contra as correntes, são classificadas como plâncton, organismos que andam à deriva. A fase larvar é importante para a dispersão de espécies sésseis como os corais. As larvas podem manter-se à tona durante muito tempo, afastando-se centenas de quilómetros do progenitor, ou podem fixar-se horas após a fertilização. Uma larva de anémona ou de coral permanece na coluna de água até encontrar um habitat adequado, fixar-se a uma superfície dura e transformar-se num adulto séssil.

Os cnidários também se podem reproduzir assexuadamente, por brotamento ou fragmentação. Se forem produzidos muitos botões aderentes, estes podem formar uma grande colónia. Este é o modo de reprodução pelo qual os corais construtores de recifes são famosos. Podem formar colónias tão grandes que alteram a estrutura do fundo do oceano. Os cnidários também podem substituir partes perdidas ou danificadas por regeneração. Os tentáculos danificados ou perdidos podem frequentemente voltar a crescer. Uma pequena porção de tecido destacado pode mesmo regenerar-se num novo organismo, como acontece com a anémona de água doce *Hydra* sp. As anémonas-do-mar também podem regenerar partes perdidas.

Capítulo 5 . Coral

5.1 Coral

Os corais são animais invertebrados que pertencem a um grande grupo de animais coloridos e fascinantes chamado Cnidaria. Outros animais deste grupo que poderá ter visto em piscinas naturais ou na praia são as alforrecas e as anémonas-do-mar.

Figura 5.1 Os corais são animais sésseis que "criam raízes" no fundo do oceano

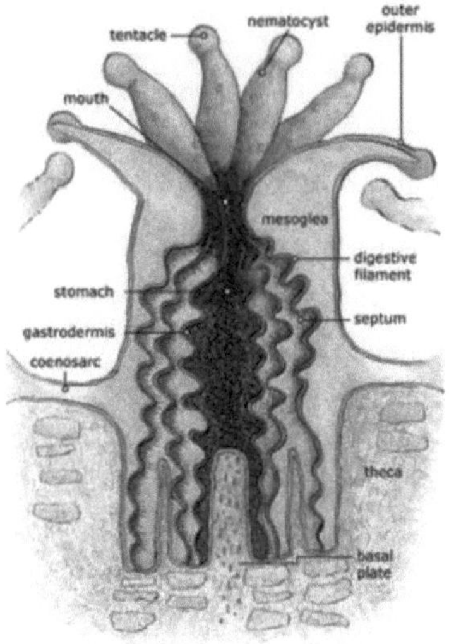

Figura 5.2 Anatomia de um pólipo

Embora os cnidários apresentem uma grande variedade de cores, formas e tamanhos, todos partilham as mesmas caraterísticas distintivas: um estômago simples com uma única abertura bucal rodeada por tentáculos urticantes. Cada animal coralino é chamado pólipo e a maioria vive em grupos de centenas a milhares de pólipos geneticamente idênticos que formam uma "colónia". A colónia forma-se através de um processo chamado brotamento, em que o pólipo original cria literalmente cópias de si próprio.

Os corais são geralmente classificados como "corais duros" ou "corais moles". Existem cerca de 800 espécies conhecidas de corais duros, também conhecidos como corais "construtores de recifes". Os corais moles, que incluem os leques do mar, as penas do mar e os chicotes do mar, não têm o esqueleto calcário semelhante a uma rocha como os outros, em vez disso, desenvolvem núcleos semelhantes a madeira para apoio e cascas carnudas para proteção.

Os corais moles também vivem em colónias, que muitas vezes se assemelham a plantas ou árvores de cores vivas, e são fáceis de distinguir dos corais duros, uma vez que os seus pólipos têm tentáculos que ocorrem em números de 8 e têm uma aparência plumosa distinta. Os corais moles encontram-se nos oceanos desde o equador até aos pólos norte e sul, geralmente em grutas ou saliências. Aqui, penduram-se para capturar alimentos que flutuam nas correntes típicas destes locais.

Quando se fala em corais, a maioria das pessoas pensa em mares tropicais límpidos e quentes e em recifes repletos de peixes coloridos. De facto, os corais rochosos de águas pouco profundas - os que constroem os recifes - são apenas um tipo de coral. Existem também corais moles e corais de águas profundas que vivem em águas frias e escuras.

Quase todos os corais são organismos coloniais. Isto significa que são compostos por centenas a centenas de milhares de animais individuais, chamados pólipos.

Cada pólipo tem um estômago que se abre apenas numa extremidade. Esta abertura, chamada boca, está rodeada por um círculo de tentáculos. O pólipo utiliza estes tentáculos para se defender, para capturar pequenos animais para se alimentar e para limpar os detritos. Os alimentos entram no estômago através da boca. Após a ingestão dos alimentos, os resíduos são expelidos pela mesma abertura.

A maioria dos corais alimenta-se à noite. Para capturar o seu alimento, os corais utilizam células urticantes chamadas nematocistos. Estas células estão localizadas nos tentáculos e nos tecidos exteriores do pólipo de coral. Se alguma vez foi "picado" por uma medusa (um parente dos corais), já encontrou nematocistos.

Os nematocistos são capazes de libertar toxinas poderosas, muitas vezes letais, e são essenciais para capturar as presas. As presas de um coral variam em tamanho, desde animais quase microscópicos chamados zooplâncton até pequenos peixes, dependendo do tamanho dos pólipos de coral. Para além de capturarem zooplâncton e animais de maiores dimensões com os seus tentáculos, muitos corais também recolhem partículas orgânicas finas em películas e fios de muco, que depois puxam para a boca.

Os corais constituem, de facto, uma parceria antiga e única, designada *por simbiose,* que beneficia tanto a vida animal como a vida vegetal no oceano. No entanto, os corais são animais porque não produzem o seu próprio alimento, como fazem as plantas. Os corais têm braços minúsculos, semelhantes a tentáculos, que utilizam para capturar o seu alimento da água e introduzi-lo nas suas bocas inescrutáveis.

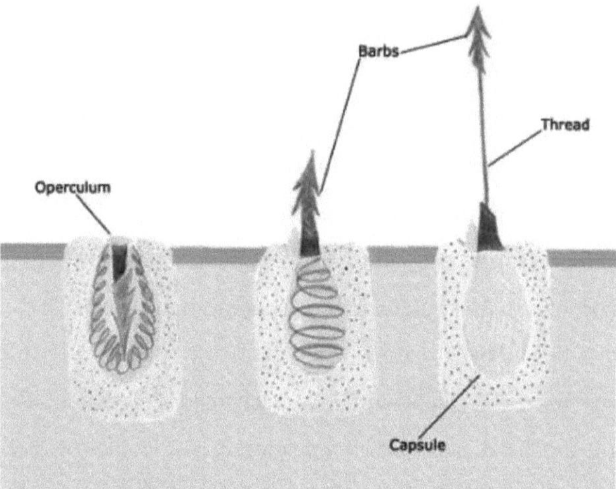

Figura 5.3 Nematocistos - células especiais com ferrão

A maioria das estruturas a que chamamos "coral" são, de facto, constituídas por centenas a milhares de pequenas criaturas coralinas chamadas pólipos. Cada pólipo de corpo mole - a maioria não mais espessa do que uma moeda - segrega um esqueleto exterior duro de calcário (carbonato de cálcio) que se fixa à rocha ou aos esqueletos mortos de outros pólipos.

No caso dos corais duros ou rochosos, estes conglomerados de pólipos crescem, morrem e repetem o ciclo infinitamente ao longo do tempo, criando lentamente a base calcária para os recifes de coral e dando forma aos corais familiares que aí residem. Devido a este ciclo de crescimento, morte e regeneração entre pólipos individuais, muitas colónias de corais podem viver durante muito tempo.

A maioria dos corais contém algas chamadas *zooxanthellae* (pronuncia-se zo-UH-zan-thuh-lay), que são organismos semelhantes a plantas. Residindo no interior dos tecidos do coral, as algas microscópicas estão bem protegidas e utilizam os resíduos metabólicos do coral para a fotossíntese, o processo pelo qual as plantas produzem o seu próprio alimento.

Os corais beneficiam, por sua vez, uma vez que as algas produzem oxigénio, removem os resíduos e fornecem os produtos orgânicos da fotossíntese de que os corais necessitam para crescer, prosperar e construir o recife.

Mais do que uma colaboração inteligente que perdura entre alguns dos mais pequenos animais e plantas do oceano há cerca de 25 milhões de anos, esta troca mútua é a razão pela qual os recifes de coral são as maiores estruturas de origem biológica na Terra e rivalizam com as florestas antigas na longevidade das suas comunidades ecológicas.

5.2 Recifes de coral

Os corais duros extraem o cálcio abundante da água do mar circundante e utilizam-no para criar uma estrutura endurecida para proteção e crescimento. Os recifes de coral são, portanto, criados por milhões de pólipos minúsculos que formam grandes estruturas de carbonato, e são a base de uma estrutura e lar para centenas de milhares, se não milhões, de outras espécies. Os recifes de coral são a maior estrutura viva do planeta e a única estrutura viva visível do espaço.

Tal como os conhecemos atualmente, os recifes de coral evoluíram na Terra ao longo dos últimos 200 a 300 milhões de anos e, ao longo desta história evolutiva, talvez a caraterística mais singular dos corais seja a forma altamente evoluída de simbiose. Os pólipos de coral desenvolveram esta relação com pequenas plantas unicelulares, conhecidas como zooxantelas. No interior dos tecidos de cada pólipo de coral vivem estas algas microscópicas e unicelulares, que partilham espaço, trocas gasosas e nutrientes para sobreviver.

Esta simbiose entre planta e animal também contribui para as cores brilhantes dos corais que podem ser vistas quando se mergulha num recife. É a importância da luz que leva os corais a competir por espaço no fundo do mar, levando-os constantemente a ultrapassar os limites das suas tolerâncias fisiológicas num ambiente competitivo entre tantas espécies diferentes. No entanto, também torna os corais altamente susceptíveis ao stress ambiental.

Os recifes de coral fazem parte de um ecossistema mais vasto que também inclui mangais e pradarias de ervas marinhas. Os mangais são árvores tolerantes ao sal, com raízes submersas, que constituem viveiros e locais de reprodução para a vida marinha, que depois migra para o recife. Os mangais também retêm e produzem nutrientes para a alimentação, estabilizam a linha costeira, protegem a zona costeira das tempestades e ajudam a filtrar os poluentes terrestres do escoamento. As ervas marinhas são plantas marinhas com flores que são um produtor primário fundamental na cadeia alimentar. Fornecem alimento e habitat a tartarugas, cavalos-marinhos, manatins, peixes e vida marinha que se alimenta, como ouriços e pepinos-do-mar, e são também um viveiro para muitas espécies juvenis de animais marinhos. As pradarias de ervas marinhas são como campos que se situam em águas pouco profundas ao largo da praia, filtrando os sedimentos da água, libertando oxigénio e estabilizando o fundo.

5.3 Hábito alimentar dos corais

Embora a maior parte da dieta dos corais seja obtida a partir das zooxantelas, eles também podem "pescar" alimentos. Durante a alimentação, um pólipo de coral estende os seus tentáculos para fora do seu corpo e agita-os na corrente de água, onde encontram pequenos peixes, plâncton ou outras partículas de alimento. A superfície de cada tentáculo tem milhares de células urticantes chamadas cnidoblastos e, quando uma pequena presa flutua ou nada, os tentáculos disparam estas células urticantes, atordoando ou matando a presa antes de a passarem para a boca.

5.4 Reprodução

Muitas espécies de corais reproduzem-se uma ou duas vezes por ano. A maioria das espécies de coral reproduz-se libertando ovos e esperma na água, mas o período de reprodução varia de uma espécie para outra.

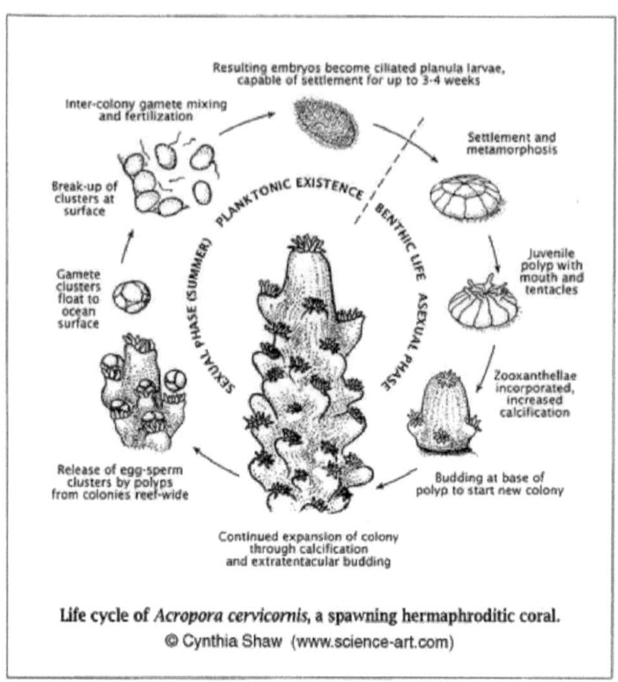

Life cycle of *Acropora cervicornis*, a spawning hermaphroditic coral.
© Cynthia Shaw (www.science-art.com)

Quando um óvulo e um espermatozoide se encontram, formam uma larva conhecida como plânula. O coral bebé assemelha-se a uma pequena medusa e flutua, inicialmente, perto da superfície e, depois, na coluna de água até encontrar um espaço adequado para se fixar, normalmente uma superfície dura. Outras espécies de corais de distribuição limitada são os reprodutores. Neste caso, apenas os gâmetas masculinos são libertados para a água, sendo depois absorvidos por corais fêmeas que contêm óvulos. A fecundação ocorre dentro do coral fêmea, e uma pequena plânula desenvolve-se no seu interior. Esta plânula é libertada pela boca do coral fêmea e afasta-se ou rasteja para se instalar noutro local e formar uma nova colónia.

A desova dos corais ocorre na mesma altura todos os anos e parece estar relacionada com o ciclo lunar. Isto permite aos cientistas e mergulhadores a oportunidade de observar este magnífico fenómeno, juntamente com todos os peixes e predadores que vêm alimentar-se deles.

5.5 Crescimento

Mesmo em condições ideais, estes corais construtores de recifes têm um crescimento lento. Apresentam uma grande variedade de formas. Por exemplo, os corais ramificados têm ramos primários e secundários. Os corais submassivos parecem dedos ou grupos de charutos e não têm ramos secundários. Os corais de mesa formam estruturas semelhantes a mesas e têm frequentemente ramos fundidos. O coral Elkhorn tem ramos grandes e achatados. Os corais foliose têm porções largas em forma de placa que se elevam em padrões semelhantes a espirais. Os corais incrustantes crescem como uma camada fina contra um substrato. Os corais maciços têm a forma de uma bola ou de uma rocha e podem ser tão pequenos como um ovo ou tão grandes como uma casa. Os corais em forma de cogumelo assemelham-se aos topos soltos dos cogumelos. Em geral, os corais maciços tendem a crescer lentamente, aumentando de tamanho entre 0,5 cm e 2 cm por ano. No entanto, em condições favoráveis (elevada exposição à luz, temperatura constante, ação moderada das ondas), algumas espécies podem crescer até 4,5 cm por ano. Em contraste com as espécies maciças, as colónias ramificadas tendem a crescer muito mais rapidamente e, em condições favoráveis, estas colónias podem crescer verticalmente até 10 cm por ano.

Onde é que se encontram?

Os recifes de coral encontram-se em todos os oceanos, desde águas profundas e frias até águas tropicais pouco profundas. No entanto, os recifes temperados e tropicais formam-se apenas numa zona que se estende, no máximo, de 30°N a 30°S do equador; os corais construtores de recifes preferem crescer a profundidades inferiores a 30 m (100 pés), ou onde a temperatura varia entre 16-32oc e os níveis de luz são elevados.

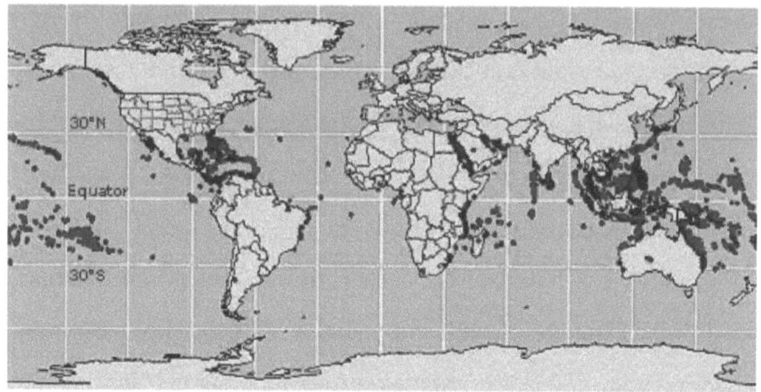

Distribuição dos recifes de coral - Fonte: Serviço Nacional de Oceanos da NOAA

De acordo com as estimativas actuais, os recifes de coral de águas pouco profundas ocupam entre 284 000 e 512 000 km2 do planeta (os recifes de coral de águas frias (profundas) ocupam uma área ainda maior). Se todos os recifes de coral de águas pouco profundas do mundo fossem amontoados, o espaço equivaleria a uma área de terra entre o Equador (a estimativa mais baixa) e Espanha (a estimativa mais alta). Esta área - cerca de 198 mil milhas quadradas num oceano de 140 milhões de milhas quadradas - representa menos de 0,015 por cento do oceano. No entanto, os recifes de coral albergam mais de um quarto da biodiversidade do oceano. É uma estatística espantosa quando se pensa nisso: nenhum outro ecossistema ocupa uma área tão limitada com mais formas de vida.

5.6 Qual é o aspeto de um recife de coral?

Foi Charles Darwin quem inicialmente classificou os recifes de coral quanto à sua estrutura e morfologia, descrevendo-os da seguinte forma:

- **Os recifes de franja** situam-se perto de terras emergentes. São pouco profundos, estreitos e de formação recente. Podem ser separados da costa por um canal navegável (que por vezes é incorretamente designado por "lagoa").
- **As barreiras de recifes** são mais largas e encontram-se mais afastadas da costa. Estão separados da costa por uma faixa de água que pode atingir vários quilómetros de largura e várias dezenas de metros de profundidade. No topo de uma barreira de recifes formam-se, por vezes, ilhas de areia cobertas por uma vegetação caraterística. O litoral destas ilhas é interrompido por passagens, que ocuparam os leitos de antigos rios.
- **Os atóis** são grandes recifes em forma de anel que se encontram ao largo da costa, com uma lagoa no meio. A parte emergente do recife está frequentemente coberta de sedimentos acumulados e a vegetação mais caraterística que cresce nestes recifes é constituída por coqueiros. Os atóis desenvolvem-se perto da superfície do mar, em ilhas submarinas ou em ilhas que se afundam.

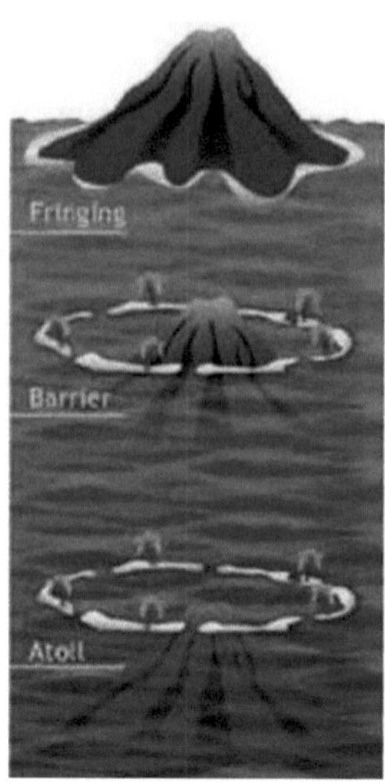

Figura 5.4 As três fases de Darwin na formação de atóis

O tipo mais comum de recife é o recife marginal. Este tipo de recife cresce em direção ao mar diretamente a partir da costa. Formam fronteiras ao longo da linha de costa e das ilhas circundantes.

Quando um recife de coral continua a crescer para cima a partir de uma ilha vulcânica que se afundou totalmente abaixo do nível do mar, forma-se um atol. Os atóis têm geralmente uma forma circular ou oval, com uma lagoa aberta no centro.

Os recifes de barreira são semelhantes aos recifes de franja, na medida em que também fazem fronteira com uma linha costeira; no entanto, em vez de crescerem diretamente a partir da costa, estão separados da terra por uma extensão de água. Isto cria uma lagoa de águas abertas e muitas vezes profundas entre o recife e a costa.

Os recifes de coral são importantes porque contribuem com milhares de milhões de dólares para a nossa economia através do turismo, protegem as casas costeiras das tempestades, apoiam tratamentos médicos promissores e são o habitat de milhões de espécies aquáticas.

O Programa de Conservação dos Recifes de Coral da NOAA trabalha para proteger os recifes de coral através de programas de investigação, educação e preservação. Muitos recifes, como o Monumento Nacional dos Recifes de Coral das Ilhas Virgens, estão incluídos no sistema de áreas protegidas .marinhas da NOAA

Capítulo 6 . Protozoários: Conceitos Gerais

6.1 Protozoários: Conceitos gerais

Os protozoários são animais unicelulares que se encontram em todo o mundo na maioria dos habitats. A maioria das espécies é de vida livre, mas todos os animais superiores estão infectados com uma ou mais espécies de protozoários. As infecções variam de assintomáticas a potencialmente fatais, dependendo da espécie e da estirpe do parasita e da resistência do hospedeiro.

6.1.1 Estrutura

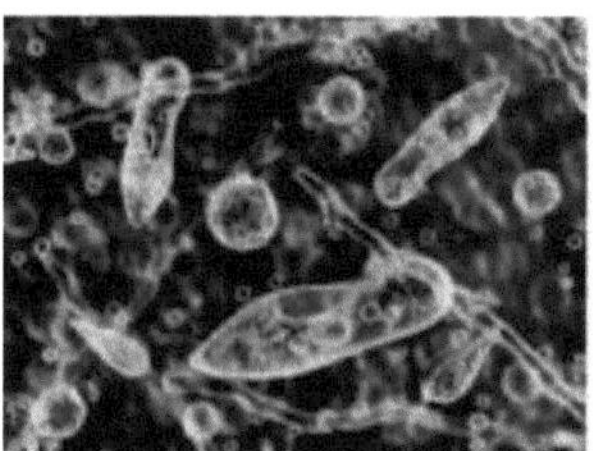

Figura 6.1 Protozoários

Os protozoários são eucariotas unicelulares microscópicos que têm uma estrutura interna relativamente complexa e realizam actividades metabólicas complexas. Alguns protozoários possuem estruturas de propulsão ou outros tipos de movimento.

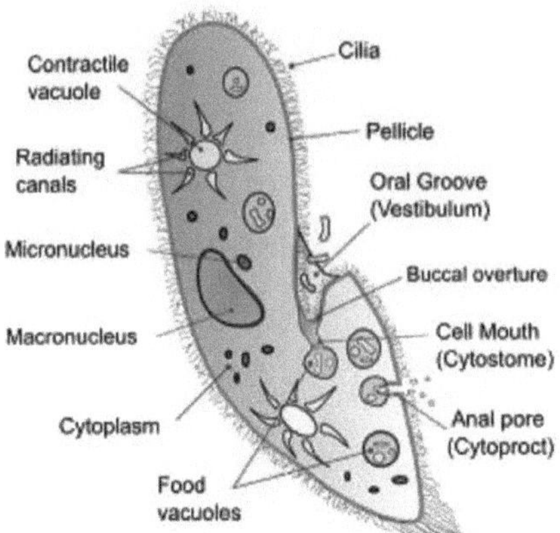

Figura 6.2 Estrutura

6.1.2 Classificação

Com base na morfologia em microscópio de luz e eletrónico, os protozoários estão atualmente classificados em seis filos. A maioria das espécies que causam doenças humanas são membros dos filos Sacromastigophora e Apicomplexa.

6.1.3 Fases do ciclo de vida

Os estágios dos protozoários parasitas que se alimentam e se multiplicam ativamente são freqüentemente chamados de trofozoítos; em alguns protozoários, outros termos são usados para esses estágios. Os cistos são estágios com uma membrana protetora ou parede espessa. Os cistos de protozoários que precisam sobreviver fora do hospedeiro geralmente têm paredes mais resistentes do que os cistos que se formam nos tecidos.

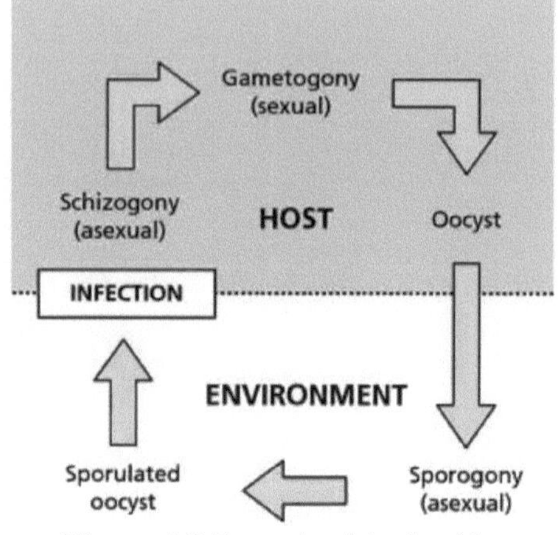

Figura 6.3 Fases do ciclo de vida

6.1.4 Reprodução

A fissão binária, a forma mais comum de reprodução, é assexuada; a divisão assexuada múltipla ocorre em algumas formas. Tanto a reprodução sexuada como a assexuada ocorrem nos Apicomplexa.

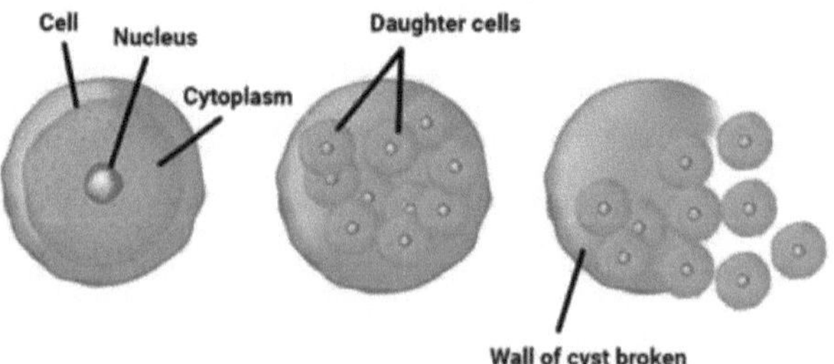

Figura 6.4 Reprodução

6.1.2 Nutrição

Todos os protozoários parasitas necessitam de substâncias orgânicas pré-formadas - ou seja, a nutrição é holozóica como nos animais superiores.

Os protozoários são considerados um sub-reino do reino Protista, embora no sistema clássico fossem colocados no reino Animalia. Foram descritas mais de 50.000 espécies, a maioria das quais são organismos de vida livre; os protozoários encontram-se em quase todos os habitats possíveis. O registo fóssil, sob a forma de conchas em rochas sedimentares, mostra que os protozoários estavam presentes na era pré-cambriana. Anton van Leeuwenhoek foi a primeira pessoa a observar protozoários, utilizando microscópios que construiu com lentes simples. Entre 1674 e 1716, descreveu, para além de protozoários de vida livre, várias espécies parasitárias de animais e *Giardia lamblia* das suas próprias fezes. Praticamente todos os seres humanos têm protozoários a viver dentro ou sobre o seu corpo em algum momento, e muitas pessoas são infectadas com uma ou mais espécies ao longo da sua vida. Algumas espécies são consideradas comensais, ou seja, normalmente não são prejudiciais, enquanto outras são patogénicas e normalmente produzem doenças.

As doenças causadas por protozoários variam de muito ligeiras a potencialmente fatais. Os indivíduos cujas defesas são capazes de controlar mas não de eliminar uma infeção parasitária tornam-se portadores e constituem uma fonte de infeção para outros. Em áreas geográficas de elevada prevalência, as infecções bem toleradas não são frequentemente tratadas para erradicar o parasita, porque a erradicação reduziria a imunidade do indivíduo ao parasita e resultaria numa elevada probabilidade de reinfeção.

Muitas infecções por protozoários que são inaparentes ou ligeiras em indivíduos normais podem ser fatais em doentes imunodeprimidos, particularmente em doentes com a síndrome da imunodeficiência adquirida (SIDA). As evidências sugerem que muitas pessoas saudáveis abrigam números baixos de *Pneumocystis carinii* nos pulmões. No entanto, este parasita produz uma pneumonia frequentemente fatal em doentes imunodeprimidos, como os doentes com SIDA.

O *Toxoplasma gondii,* um protozoário parasita muito comum, causa normalmente uma doença inicial bastante ligeira seguida de uma infeção latente de longa duração. No entanto, os doentes com SIDA podem desenvolver encefalite toxoplásmica fatal. O *Cryptosporidium* foi descrito no século XIX, mas a infeção humana generalizada só recentemente foi reconhecida. O *Cryptosporidium* é outro protozoário que pode produzir complicações graves em doentes com SIDA. A microsporidiose em humanos foi descrita apenas em alguns casos antes do aparecimento da SIDA. Atualmente, tornou-se uma infeção mais comum em doentes com SIDA. À medida que se realizam estudos mais aprofundados dos doentes com SIDA, é provável que sejam diagnosticadas outras infecções por protozoários raras ou invulgares.

As espécies de *Acanthamoeba* são amebas de vida livre que habitam o solo e a água. Os estágios do cisto podem ser transportados pelo ar. Estão a ser notificadas úlceras da córnea graves e ameaçadoras para os olhos devidas a espécies de *Acanthamoeba* em indivíduos que usam lentes de contacto. Presume-se que os parasitas sejam transmitidos em soluções de limpeza de lentes contaminadas. As amebas do género *Naegleria,* que habitam massas de água doce, são responsáveis por quase todos os casos da doença geralmente fatal meningoencefalite amebiana primária. Pensa-se que as amebas entram no corpo através da água que é salpicada no trato nasal superior durante a natação ou o mergulho. As infecções humanas deste tipo foram previstas antes de serem reconhecidas e notificadas, com base em estudos laboratoriais de infecções por Acanthamoeba em culturas de células e em animais.

A falta de vacinas eficazes, a escassez de medicamentos fiáveis e outros problemas, incluindo as dificuldades de controlo dos vectores, levaram a Organização Mundial de Saúde a selecionar seis doenças para uma maior investigação e formação. Três delas eram infecções por protozoários - malária, tripanossomíase e leishmaniose. Embora tenham sido obtidas novas informações sobre estas doenças, a maioria dos problemas de controlo persiste.

6.2 Estrutura dos Protozoários

A maioria dos protozoários parasitas em humanos tem menos de 50 µm de tamanho. Os mais pequenos (principalmente formas intracelulares) têm 1 a 10 µm de comprimento, mas *o Balantidium coli* pode medir 150 µm. Os protozoários são eucariotas unicelulares. Como em todos os eucariotas, o núcleo está envolvido por uma membrana. Nos protozoários, com exceção dos ciliados, o núcleo é vesicular, com cromatina dispersa que dá um aspeto difuso ao núcleo, todos os núcleos do organismo individual parecem iguais. Um tipo de núcleo vesicular contém um corpo mais ou menos central, chamado endossoma ou cariossoma. O endossoma não possui DNA nas amebas parasitas e nos tripanossomas. No filo Apicomplexa, por outro lado, o núcleo vesicular tem um ou mais nucléolos que contêm DNA. Os ciliados têm um micronúcleo e um macronúcleo, cuja composição é bastante homogénea.

Os organelos dos protozoários têm funções semelhantes às dos órgãos dos animais superiores. A membrana plasmática que envolve o citoplasma também cobre as estruturas locomotoras salientes, como os pseudópodes, os cílios e os flagelos. A camada superficial externa de alguns protozoários, denominada película, é suficientemente rígida para manter uma forma distinta, como nos tripanossomas e na *Giardia.* No entanto, estes organismos podem facilmente torcer-se e dobrar-se quando se deslocam no seu ambiente.

Na maioria dos protozoários, o citoplasma é diferenciado em ectoplasma (a camada externa, transparente) e endoplasma (a camada interna que contém organelos); a estrutura do citoplasma é mais facilmente observada em espécies com pseudópodos salientes, como as amebas. Alguns protozoários têm um citosoma ou "boca" celular para ingerir fluidos ou partículas sólidas. Vacúolos contrácteis para osmorregulação ocorrem em alguns, como *Naegleria* e *Balantidium.*

Muitos protozoários têm microtúbulos subpeliculares; nos Apicomplexa, que não têm organelos externos para locomoção, estes fornecem um meio de movimento lento. As tricomonas e os tripanossomas têm uma membrana ondulante distinta entre a parede do corpo e um flagelo. Muitas outras estruturas ocorrem nos protozoários parasitas, incluindo o aparelho de Golgi, mitocôndrias, lisossomas, vacúolos alimentares, conóides nos Apicomplexa e outras estruturas especializadas.

A microscopia eletrónica é essencial para visualizar os detalhes da estrutura dos protozoários. Do ponto de vista da complexidade funcional e fisiológica, um protozoário é mais parecido com um animal do que com uma única célula.

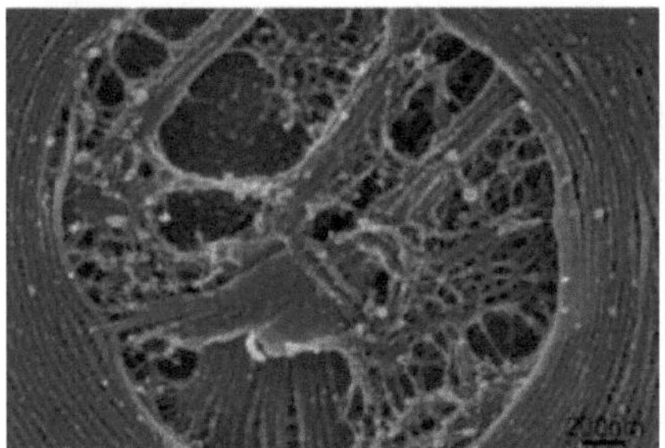

Figura 6.5 Estrutura dos Protozoários

A Figura 6.5 mostra a estrutura da forma sanguínea de um tripanossoma, determinada por microscopia eletrónica. Estrutura fina de um protozoário parasita, *Typanosoma evansi,* revelada por microcopia eletrónica de transmissão de secções finas.

6.3 Classificação dos Protozoários

Em 1985, a Society of Protozoologists publicou um esquema taxonómico que distribuía os Protozoa em seis filos. Dois destes filos - os Sarcomastigophora e os Apicomplexa - contêm as espécies mais importantes que causam doenças humanas. Este esquema baseia-se na morfologia revelada por microscopia de luz, eletrónica e de varrimento. *A Dientamoeba fragilis,* por exemplo, foi considerada uma ameba e colocada na família Entamoebidae.

No entanto, as estruturas internas observadas por microscopia eletrónica mostraram que está corretamente colocado na ordem Trichomonadida dos protozoários flagelados. Em alguns casos, a organismos que parecem idênticos ao microscópio foram atribuídos nomes de espécies diferentes com base em critérios como a distribuição geográfica e as manifestações clínicas; um bom exemplo é o género *Leishmania,* para o qual são frequentemente utilizados nomes de subespécies. Foram utilizados métodos bioquímicos em estirpes e espécies para determinar padrões isoenzimáticos ou para identificar sequências de nucleótidos relevantes no ARN, ADN ou ambos.

Foram efectuados estudos aprofundados sobre o cinetoplasto, uma mitocôndria única encontrada nos hemoflagelados e noutros membros da ordem Kinetoplastida. O ADN associado a este organelo é de grande interesse. A clonagem é amplamente utilizada em estudos taxonómicos, por exemplo, para estudar diferenças de virulência ou manifestações de doenças em isolados de uma única espécie obtidos de diferentes hospedeiros ou regiões geográficas. Os anticorpos (particularmente os anticorpos monoclonais) para espécies conhecidas ou para antigénios específicos de uma espécie estão a ser utilizados para identificar isolados desconhecidos. Eventualmente, a taxonomia molecular poderá revelar-se uma base mais fiável do que a morfologia para a taxonomia dos protozoários, mas o microscópio continua a ser o instrumento mais prático para identificar um protozoário parasita. A Tabela 6.1 lista os protozoários de importância médica.

Phylum	Subphylum	Representative Genera	Major Diseases Produced in Human Beings	Chapter
Sarcomastigophora (with flagella, pseudopodia, or both)	Mastigophora (flagella)	*Leishmania*	Visceral, cutaneous and mucocutaneous infection	82
		Trypanosoma	Sleeping sickness Chagas' disease	
		Giardia	Diarrhea	80
		Trichomonas	Vaginitis	
	Sarcodina (pseudopodia)	*Entamoeba*	Dysentery, liver abscess	79
		Dientamoeba	Colitis	
		Naegleria and *Acanthamoeba*	Central nervous system and corneal ulcers	81
		Babesia	Babesiosis	
Apicomplexa (apical complex)		*Plasmodium*	Malaria	83
		Isospora	Diarrhea	80
		Sarcocystis	Diarrhea	
		Cryptosporidium	Diarrhea	
		Toxoplasma	Toxoplasmosis	84
Microspora		*Enterocytozoon*	Diarrhea	—
Ciliophora (with cilia)		*Balantidium*	Dysentery	80
Unclassified	—	*Pneumocystis*	Pneumonia	85

Quadro 6.1 Classificação dos Protozoários Parasitas e Doenças Associadas

6.4 Fases do ciclo de vida dos protozoários

Durante o seu ciclo de vida, um protozoário passa geralmente por várias fases que diferem em termos de estrutura e atividade. Trofozoíto (grego para "animal que se alimenta") é um termo geral para o estágio ativo, de alimentação e multiplicação da maioria dos protozoários. Nas espécies parasitárias, esta é a fase geralmente associada à patogénese. Nos hemoflagelados, os termos amastigota, promastigota, epimastigota e tripomastigota designam estágios de trofozoítos que diferem na ausência ou presença de um flagelo e na posição do cinetoplasto associado ao flagelo.

São empregues vários termos para as fases dos Apicomplexa, tais como taquizoíto e bradizoíto para *Toxoplasma gondii.* Outras fases dos complexos ciclos de vida assexuada e sexual observados neste filo são o merozoíto (a forma resultante da fissão de um esquizonte multinucleado) e as fases sexuais, como os gametócitos e os gâmetas. Alguns protozoários formam quistos que contêm uma ou mais formas infecciosas. A multiplicação ocorre nos quistos de algumas espécies, de modo que a excitação liberta mais do que um organismo.

Por exemplo, quando o trofozoíto de *Entamoeba histolytica* forma um cisto pela primeira vez, ele tem um único núcleo. À medida que o cisto amadurece, a divisão nuclear produz quatro núcleos e, durante a excitação, aparecem quatro amebas metacísticas uninucleadas. Da mesma forma, uma *Giardia lamblia* recém-encistada tem o mesmo número de estruturas internas (organelos) que o trofozoíto. No entanto, à medida que o quisto amadurece, os organelos duplicam e formam-se dois trofozoítos. Os quistos eliminados nas fezes têm uma parede protetora que permite ao parasita sobreviver no meio exterior durante um período que pode ir de dias a um ano, dependendo da espécie e das condições ambientais. Os quistos formados nos tecidos não têm geralmente uma parede protetora pesada e dependem do carnivorismo para a transmissão. Os oocistos são estágios resultantes da reprodução sexual nos Apicomplexa. Alguns oocistos de Apicomplexa são eliminados nas fezes do hospedeiro, mas os oocistos de *Plasmodium,* o agente da malária, desenvolvem-se na cavidade corporal do mosquito vetor.

6.4 Reprodução de Protozoários

R eprodução nos protozoários pode ser assexuada, como nas amebas e flagelados que infectam os seres humanos, ou tanto assexuada como sexuada, como nos Apicomplexa de importância médica. O tipo mais comum de multiplicação assexuada é a fissão binária, na qual os organelos são duplicados e o protozoário divide-se em dois organismos completos. A divisão é longitudinal nos flagelados e transversal nos ciliados; as amebas não têm eixo antero-posterior aparente. A endodyogenia é uma forma o de divisão assexuada observada no *Toxoplasma* e em alguns organismos relacionados. Duas células filhas formam-se dentro da célula-mãe, que depois se rompe, libertando a progenitura mais pequena que cresce até ao tamanho máximo antes de repetir o processo. Na esquizogonia, uma forma comum de divisão assexuada nos Apicomplexa, o núcleo divide-se várias vezes e, em seguida, o citoplasma divide-se em merozoítos mais pequenos e uninucleados. Em *Plasmodium, Toxoplasma* e outros apicomplexa, o ciclo sexual envolve a produção de gametas (gamogonia), fertilização para formar o zigoto, encistamento do zigoto para formar um oocisto e a formação de esporozoítos infecciosos (esporogonia) dentro do oocisto.

S Alguns protozoários têm ciclos de vida complexos que requerem duas espécies diferentes de hospedeiros; outros requerem apenas um único hospedeiro para completar o ciclo de vida. Um único protozoário infecioso que entre num hospedeiro suscetível tem o potencial de produzir uma população imensa. No entanto, a reprodução é limitada por eventos como a morte do hospedeiro ou pelos mecanismos de defesa do hospedeiro, que podem eliminar o parasita ou equilibrar a reprodução do parasita para produzir uma infeção crónica. Por exemplo, a malária pode resultar quando apenas alguns esporozoítos de *Plasmodium falciparum - talvez* dez ou menos em casos raros - são introduzidos por um mosquito *Anopheles* que se alimenta numa pessoa sem imunidade. Ciclos repetidos de esquizogonia na corrente sanguínea podem resultar na infeção de 10 por cento ou mais dos eritrócitos - cerca de 400 milhões de parasitas por mililitro de sangue.

6.5 Nutrição dos Protozoários

A nutrição de todos os protozoários é holozóica, ou seja, requerem materiais orgânicos, que podem ser particulados ou em solução. As amebas engolfam alimentos particulados ou gotículas através de uma espécie de boca temporária, realizam a digestão e a absorção num vacúolo alimentar e ejectam as substâncias residuais. Muitos protozoários têm uma boca permanente, o citosoma ou microporo, através do qual o alimento ingerido passa para ser encerrado em vacúolos alimentares.

A pinocitose é um método de ingestão de materiais nutritivos através do qual o fluido é aspirado através de pequenas aberturas temporárias na parede do corpo. O material ingerido é encerrado numa membrana, formando um vacúolo alimentar.

Os protozoários têm vias metabólicas semelhantes às dos animais superiores e requerem os mesmos tipos de compostos orgânicos e inorgânicos. Nos últimos anos, registaram-se avanços significativos na conceção de meios quimicamente definidos para a cultura in vitro de protozoários parasitas. Os organismos resultantes estão isentos de várias substâncias que estão presentes em organismos cultivados em meios complexos ou isolados de um hospedeiro e que podem interferir com estudos imunológicos ou bioquímicos. A investigação sobre o metabolismo dos parasitas é de interesse imediato porque as vias que são essenciais para o parasita mas não para o hospedeiro são alvos potenciais para compostos antiprotozoários que bloqueariam essa via mas seriam seguros para os seres humanos. Muitos fármacos antiprotozoários foram utilizados empiricamente muito antes de se conhecer o seu mecanismo de ação. As drogas sulfa, que bloqueiam a síntese de folato nos parasitas da malária, são um exemplo.

A rápida taxa de multiplicação de muitos parasitas aumenta as hipóteses de mutação; assim, podem ocorrer alterações na virulência, na suscetibilidade aos medicamentos e noutras caraterísticas. A resistência à cloroquina no *Plasmodium falciparum* e a resistência ao arsénico no *Trypanosoma rhodesiense* são dois exemplos.

A competição por nutrientes não é normalmente um fator importante na patogénese porque as quantidades utilizadas pelos protozoários parasitas são relativamente pequenas. Alguns parasitas que habitam o intestino delgado podem interferir significativamente na digestão e absorção e afetar o estado nutricional do hospedeiro; *Giardia* e *Cryptosporidium* são exemplos. A destruição das células e dos tecidos do hospedeiro em resultado das actividades metabólicas dos parasitas aumenta as necessidades nutricionais do hospedeiro. Isto pode ser um fator importante no resultado de uma infeção num indivíduo mal nutrido. Por último, os parasitas extracelulares ou intracelulares que destroem as células enquanto se alimentam podem levar à disfunção de órgãos e a consequências graves ou potencialmente fatais.

Os protozoários eram classificados como "animais unicelulares", ao contrário dos protophyta, organismos fotossintéticos unicelulares (algas), que eram considerados plantas primitivas. A ambos os grupos era comummente atribuída a classificação de filo, no reino Protista. Nos sistemas de classificação mais antigos, o filo Protozoa era geralmente dividido em vários subgrupos, reflectindo os meios de locomoção. Os esquemas de classificação diferiam, mas durante grande parte do século XX os principais grupos de protozoários incluíam

- Flagelados, ou Mastigophora (células móveis equipadas com organelos de locomoção em forma de chicote, por exemplo, *Giardia lambda)*
- Amebas ou Sarcodina

  (células que se deslocam através do prolongamento de pseudópodes ou lamelípodes, por exemplo, *Entamoeba histolytica)*
- Sporozoa, ou Apicomplexa ou Sporozoans (células parasitas, produtoras de esporos, cuja forma adulta carece de órgãos de motilidade, por exemplo, *Plasmodium knowlesi)*

  o Apicomplexa (agora em Alveolata) o Microsporidia (agora em Fungi) o Ascetosporea (agora em Rhizaria) o Myxosporidia (agora em Cnidaria)
- Ciliados, ou Ciliophora (células equipadas com um grande número

de cílios utilizados para o movimento e a alimentação, por exemplo, *Balantidium coli)*

Com o aparecimento da filogenética molecular e de ferramentas que permitem aos investigadores comparar diretamente o ADN de diferentes organismos, tornou-se evidente que, dos principais subgrupos de Protozoa, apenas os ciliados (Ciliophora) formavam um grupo natural, ou clado , monofiléticouma vez eliminados alguns membros estranhos (como *Stephanopogon* ou protociliates e opalinídeos). Os Mastigophora, Sarcodina e Sporozoa eram grupos polifiléticos. As semelhanças de aparência e modos de vida pelos quais esses grupos foram definidos surgiram independentemente em seus membros por evolução convergente.

Na maioria dos sistemas de classificação de eucariotas, como o publicado pela Sociedade Internacional de Protistologistas, os membros do antigo filo Protozoa foram distribuídos por uma variedade de supergrupos.

Capítulo 7. Porifera - esponjas

7.1 Porifera - esponjas

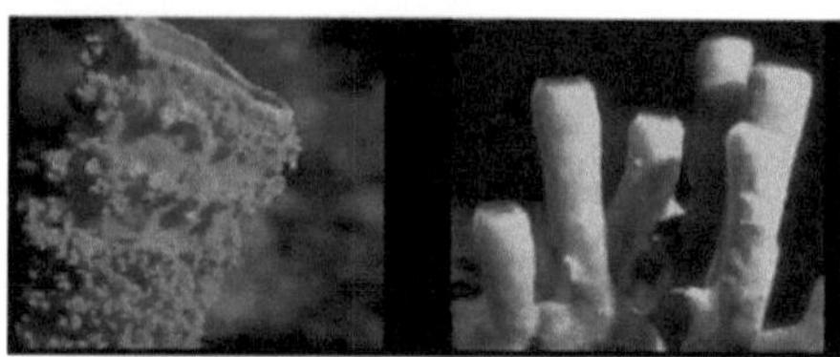

Figura 7.1 Porifera - esponjas

Os poríferos são vulgarmente designados por esponjas. Um evento inicial de ramificação na história dos animais separou as esponjas de outros metazoários. Como seria de esperar com base na sua posição filogenética, as esponjas fósseis encontram-se entre os mais antigos fósseis de animais conhecidos, datando do Pré-Cambriano Superior. Desde então, as esponjas têm sido membros conspícuos de muitas comunidades fósseis; o número de géneros fósseis descritos ultrapassa os 900. As cerca de 5.000 espécies de esponjas vivas estão classificadas no filo Porifera, que é composto por três grupos distintos, os Hexactinellida (esponjas de vidro), os Demospongia e os Calcarea (esponjas calcárias).

- As esponjas ou poríferos (do latim *porus* "poro" e *ferre* "suportar") são animais do filo Porifera. Porifera significa "portador de poros".

São animais primitivos, sésseis, maioritariamente marinhos, que vivem na água e se alimentam por filtração, bombeando água através dos seus corpos para filtrar partículas de matéria alimentar. As esponjas representam os animais mais simples. Sem tecidos verdadeiros (parazoários), carecem de músculos, nervos e órgãos . internosA sua semelhança com os choanoflagelados coloniais mostra o provável salto evolutivo dos organismos unicelulares para os multicelulares. Conhecem-se mais de 5.000 espécies modernas de esponjas, que podem ser encontradas em superfícies desde a zona intertidal até profundidades de 8.500 m (29.000 pés) ou mais. Embora o registo fóssil de esponjas remonte à Era Neoproterozóica, continuam a ser descobertas novas espécies.

As esponjas caracterizam-se por possuírem um sistema de alimentação único entre os animais. Os poríferos não têm boca; em vez disso, têm pequenos poros nas suas paredes exteriores através dos quais a água é aspirada. As células nas paredes da esponja filtram as substâncias boas da água à medida que esta é bombeada através do corpo e sai por outras aberturas maiores. O fluxo de água através da esponja é unidirecional, impulsionado pelo batimento dos flagelos que revestem a superfície das câmaras ligadas por uma série de canais. As células da esponja desempenham uma variedade de funções corporais e parecem ser mais independentes umas das outras do que as células de outros animais.

Há uma exceção à descrição geral da alimentação das esponjas que acabaste de ler acima. Leia mais na secção História de Vida e Ecologia para saber mais sobre as estranhas e interessantes esponjas carnívoras.

As esponjas existem há muito tempo, com algumas espécies a terem um registo fóssil que remonta a cerca de 600 milhões de anos atrás, ao período mais antigo (Pré-cambriano) da história da Terra. As cerca de 8.550 espécies de esponjas vivas estão cientificamente classificadas no filo *Porifera,* que é composto por quatro classes distintas:

as *Demospongiae* (as mais diversas, contendo 90 por cento de todas as esponjas vivas), as *Hexactinellida* (as raras esponjas de vidro), *as*

Calcarea (esponjas calcárias) e *as Homoscleromorpha* (a classe mais rara e mais simples, só recentemente reconhecida, com aproximadamente 117 espécies). Embora as esponjas, tal como os corais, sejam invertebrados aquáticos imóveis, são organismos completamente diferentes, com anatomia, métodos de alimentação e processos reprodutivos distintos. As principais diferenças são:

- Os corais são organismos complexos e multicelulares. As esponjas são seres muito simples, sem tecidos.
- Todos os corais necessitam de água salgada para sobreviver. Embora a maioria das esponjas se encontre no oceano, também se encontram numerosas espécies em água doce e estuários.

Independentemente destas diferenças, as esponjas são habitantes importantes dos ecossistemas dos recifes de coral. Uma população diversificada de esponjas pode afetar a qualidade da água no recife, uma vez que as esponjas filtram a água, recolhem bactérias e processam o carbono, o azoto e o fósforo.

Figura 7.2 Tipo de esqueleto de uma esponja

Nos recifes de coral empobrecidos em nutrientes, pensa-se que algumas espécies de esponjas tornam o carbono biologicamente disponível excretando uma forma de "cocó de esponja" de que outros organismos se alimentam, alimentando assim a produtividade em todo o ecossistema. Desta forma, as esponjas protegem o recife contra flutuações extremas na densidade de nutrientes, temperatura e luz, beneficiando a sobrevivência de outros organismos do recife.

O tipo de esqueleto de uma esponja adapta-se bem ao seu habitat particular, permitindo-lhe viver em superfícies duras e rochosas ou em sedimentos moles como a areia e lama. Algumas esponjas até se fixam em detritos flutuantes! Raramente se encontram completamente a flutuar. À medida que a água se filtra através do exterior poroso da esponja, esta ganha algum movimento, recebe alimento e oxigénio e elimina os resíduos. No interior da esponja, minúsculas estruturas semelhantes a pêlos, denominadas flagelos, criam correntes para filtrar as bactérias das células da esponja e para reter os alimentos no seu interior. As suas fortes estruturas esqueléticas ajudam as esponjas a suportar o elevado volume de água que passa por elas todos os dias.

7.2 Factos sobre as esponjas do mar

- As esponjas do mar são animais, não plantas, e estão no oceano há 500 milhões de anos e não se movem, mas filtram muita água para obter alimentos (plâncton) e oxigénio.
- As esponjas do mar estão entre os organismos multicelulares mais simples.
- Existem cerca de 5.000 espécies de esponjas marinhas em todo o mundo.
- Algumas esponjas encontram-se em lagos e rios de água doce.
- As esponjas do mar mais pequenas têm 3 cm de comprimento (ou estão encostadas a uma rocha) e as maiores têm mais de 1 m de

altura. As esponjas não têm cabeça, olhos, cérebro, braços, pernas, orelhas, músculos, nervos ou órgãos!

- As esponjas do mar têm poros que filtram a água para obter alimento e oxigénio e poros que expulsam os resíduos e têm poucos predadores para além das tartarugas marinhas e dos peixes, porque algumas produzem toxinas.

7.3 As esponjas têm vários tipos de células

- Os coanócitos (também conhecidos como "células de colarinho") funcionam como o sistema digestivo da esponja e são muito semelhantes aos protistas choanoflagelados. Os colares são compostos por microvilosidades e são utilizados para filtrar partículas da água. O batimento dos flagelos dos coanócitos cria a corrente de água da esponja.
- Os porócitos são células tubulares que formam os poros que entram no corpo da esponja através do mesohilo.
- Pinacócitos que formam a pinacoderme, a camada epidérmica externa de células. Esta é a forma mais próxima de um tecido verdadeiro nas esponjas
- Os miócitos são pinacócitos modificados que controlam o tamanho do ósculo e as aberturas dos poros e, portanto, o fluxo de água.
- Os arqueócitos (ou amebócitos) têm muitas funções; são células totipotentes que podem transformar-se em esclerócitos, espongócitos ou colentócitos. Também têm um papel no transporte de nutrientes e na reprodução sexual.
- Os esclerócitos segregam espículas siliciosas calcárias que residem no mesohilo.

- Os espongócitos segregam espongina, fibras semelhantes ao colagénio que constituem o mesohilo.
- Os colagénios segregam colagénio.

- As espículas são hastes ou espigões rígidos feitos de carbonato de cálcio ou sílica que são utilizados para estrutura e defesa. As células estão dispostas numa matriz gelatinosa não celular chamada mesohilo.

7.3.1 Três tipos de corpos de esponjas

asconoide, siconoide leuconoide.e

- As esponjas *asconóides* são tubulares com um eixo central chamado espongocelo. O batimento dos flagelos dos coanócitos força a água a entrar na espongocelo através de poros na parede do corpo. Os coanócitos revestem a espongiocele e filtram os nutrientes da água.
- As esponjas *siconoides* são semelhantes às asconoides. Têm um corpo tubular com um único ósculo, mas a parede do corpo é mais espessa e mais complexa do que a dos asconóides e contém canais radiais revestidos de coanócitos que se esvaziam na espongiocele. A água entra através de um grande número de óstios dérmicos nos canais incurrentes e depois é filtrada através de pequenas aberturas chamadas prosópilas para os canais radiais. Aí o alimento é ingerido pelos coanócitos. Os siconóides não formam normalmente colónias muito ramificadas como os asconóides. Durante o seu desenvolvimento, as esponjas siconóides passam por uma fase asconóide.
- As esponjas *leuconóides* não têm uma espongocelo e, em vez

disso, têm câmaras flageladas, contendo coanócitos, que são conduzidos para dentro e para fora através de canais

7.4 Fisiologia

As esponjas não têm um verdadeiro sistema circulatório; em vez disso, criam uma corrente de água que é utilizada para a circulação. Os gases dissolvidos são levados para as células e entram nas células através de difusão . simplesOs resíduos metabólicos também são transferidos para a água por difusão.

As esponjas bombeiam quantidades notáveis de água. *A leucónia,* por exemplo, é uma pequena esponja leuconóide com cerca de 10 cm de altura e 1 cm de diâmetro. Estima-se que a água entra através de mais de 80.000 canais incorrentes a uma velocidade de 6 cm por minuto. No entanto, como *a Leuconia* tem mais de 2 milhões de câmaras flageladas, cujo diâmetro combinado é muito maior do que o dos canais, o fluxo de água através das câmaras diminui para 3,6 cm por hora[1], o que permite uma fácil captura de alimentos pelas células do colarinho. Toda a água é expelida através de um único ósculo a uma velocidade de cerca de 8,5 cm/segundo: uma força de jato capaz de transportar os resíduos a alguma distância da esponja. As esponjas não possuem órgãos respiratórios ou excretores; ambas as funções ocorrem por difusão nas células individuais.

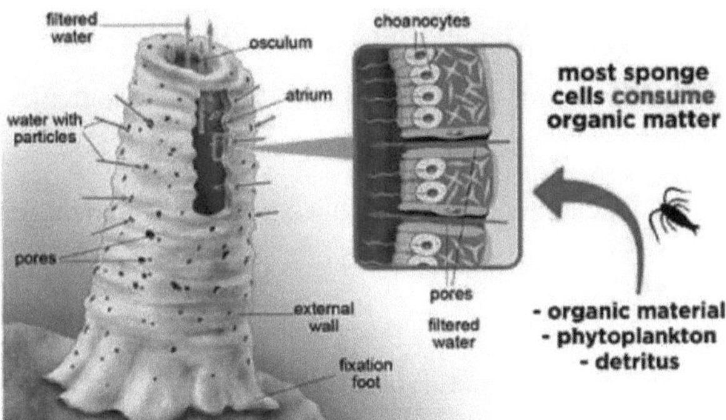

Figura 7.3 Fisiologia

Vacúolos contrácteis são encontrados em arqueócitos e coanócitos de esponjas de água doce. As únicas actividades e respostas visíveis nas esponjas, para além da propulsão da água, são ligeiras alterações na forma e o fecho e abertura de poros incorrentes e excurrentes, e estes movimentos são lentos.

7.5 Taxonomia

As esponjas são classificadas como animais, apesar do facto de não possuírem embriões , gastruladoscavidades digestivas extracelulares, nervos, músculos, tecidos e estruturas sensoriais óbvias, que todos os outros animais possuem.

Em tempos, as esponjas foram consideradas plantas, uma vez que parecem partilhar a caraterística vegetal de estarem enraizadas num único ponto, embora algumas espécies de esponjas sejam móveis. Ao contrário de quase todas as plantas, as esponjas não fazem fotossíntese e não possuem paredes celulares , de celuloseque são comuns a todas as plantas.

Consideradas durante muito tempo como o ramo mais arcaico dos animais, as esponjas são consideradas como modelos úteis dos primeiros antepassados multicelulares dos animais, embora não haja provas de que o sejam de facto, ou de que descendam mesmo dos primeiros animais. É provável que os coanócitos das esponjas (células de alimentação) sejam um tipo de célula homóloga aos coanoflagelados - um grupo de protistas unicelulares e coloniais que se crê serem os precursores imediatos dos animais. As esponjas parecem ser, na melhor das hipóteses, um grupo lateral divergente da linha animal principal.

Tem sido sugerido que as esponjas são parafiléticas em relação aos outros animais. Caso contrário, são por vezes tratadas como o seu próprio sub-reino, o Parazoa. Animais fósseis semelhantes, conhecidos como Chancelloria, já não são considerados esponjas.

Uma hipótese filogenética baseada na análise molecular propõe que o filo Porifera é parafilético e deve ser dividido em dois novos filos, o Calcarea e o Silicarea.

As esponjas são divididas em classes com base no tipo de espículas no seu esqueleto. As três classes de esponjas são as ósseas (Calcarea), as vítreas (Hexactenellida) e as esponjosas (Demospongiae). Alguns taxonomistas sugeriram uma quarta classe, Sclerospongiae, de esponjas coralinas, mas o consenso moderno é que as esponjas coralinas surgiram várias vezes e não estão intimamente relacionadas. [2] Para além destas quatro, foi proposta uma quinta classe extinta: Archaeocyatha. Embora estes animais antigos tenham sido filogeneticamente vagos durante anos, o consenso geral atual é que eram um tipo de esponja.

Embora 90% das esponjas modernas sejam demospongas, os restos fossilizados deste tipo são menos comuns do que os de outros tipos porque os seus esqueletos são compostos por esponja relativamente macia que não fossiliza bem . Os fósseis de Archaeocyantha também podem pertencer a este género, embora os seus esqueletos sejam sólidos e não separados em espículas.

7.6 Reprodução

As esponjas podem reproduzir-se de forma sexuada assexuada. ou A reprodução assexuada faz-se através de brotamentos .internos e externos A brotação externa ocorre quando a esponja-mãe desenvolve um botão no exterior do seu corpo. Este pode separar-se ou manter-se ligado. A germinação interna ocorre quando os arqueócitos se acumulam no mesohilo e ficam rodeados de espongina. O botão interno é designado por gémula. Uma esponja reproduzida assexuadamente tem exatamente o mesmo material genético que o progenitor. Na reprodução sexuada, os espermatozóides são dispersos pelas correntes de água e entram nas esponjas vizinhas. Todas as esponjas de uma determinada espécie libertam os seus espermatozóides aproximadamente ao mesmo tempo.

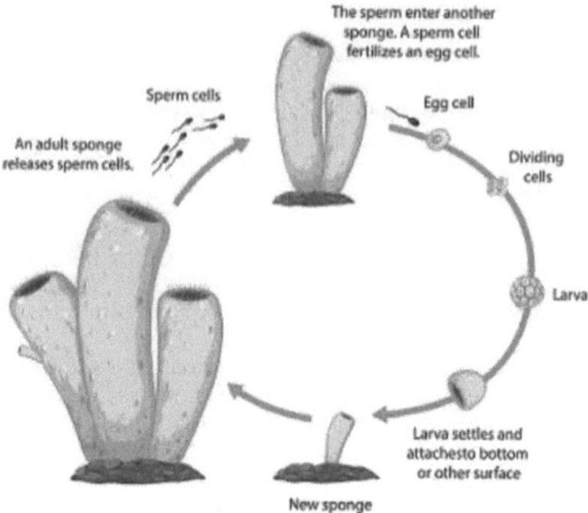

Figura 7.4 Reprodução

A fertilização ocorre internamente, no mesohilo. Os zigotos flagelados desenvolvem-se e depois deixam a esponja-mãe para se fixarem noutro local. Embora as esponjas sejam hermafroditas (macho e fêmea), não são auto-férteis. A maioria das esponjas são hermafroditas sequenciais, capazes de produzir óvulos ou espermatozóides, mas não ambos ao mesmo tempo.

7.6 Utilização

Em 1997, foi descrita a utilização de esponjas como ferramenta nos golfinhos roazes da Baía . dos TubarõesUm golfinho prende uma esponja marinha ao seu rostro, que presumivelmente é depois utilizada para o proteger quando procura comida no fundo do mar . arenosoEste comportamento, conhecido como *"esponjar"*, só foi observado nesta baía e é quase exclusivamente demonstrado pelas fêmeas. Este é o único caso conhecido de utilização de ferramentas em mamíferos marinhos, para além das lontras marinhas. Um estudo elaborado em 2005 mostrou que as mães muito provavelmente ensinam o comportamento às filhas.

7.7.1 Por humanos

O esqueleto como absorvente

No uso comum, o termo esponja é aplicado ao esqueleto do animal, do qual o tecido foi removido por

- maceração e lavagem, deixando apenas o andaime de esponja.
- calcárias As esponjas e siliciosas são demasiado duras para uma

utilização semelhante.

As esponjas comerciais são derivadas de várias espécies e existem em muitos tipos, desde as esponjas finas e macias de "lã de cordeiro" até às esponjas grosseiras utilizadas na lavagem de automóveis. O fabrico de esponjas sintéticas à base de celulose borracha, plástico e reduziu significativamente a indústria da pesca de comercial esponjas nos últimos anos. A "esponja" de luffa, também designada por "bucha", geralmente vendida para utilização na cozinha ou no duche, não é derivada de uma esponja animal, mas dos lóculos de uma cabaça (Cucurbitaceae).

Compostos antibióticos

As esponjas têm potencial medicinal devido à presença de compostos antimicrobianos quer na própria esponja quer nos seus simbiontes .microbianos

Capítulo 8. Lophotrochozoa, Os Moluscos

8.1 Lophotrochozoa, Os Moluscos

Lesmas-do-mar, lulas, caracóis e vieiras

O choco, um cefalópode coleóide, move-se principalmente através da ondulação das barbatanas do corpo. Os moluscos são um dos grupos de animais mais diversificados do planeta, com pelo menos 50.000 espécies vivas (e mais provavelmente cerca de 200.000). Inclui organismos tão familiares como os caracóis, polvos, lulas, amêijoas, vieiras, ostras e quitões.

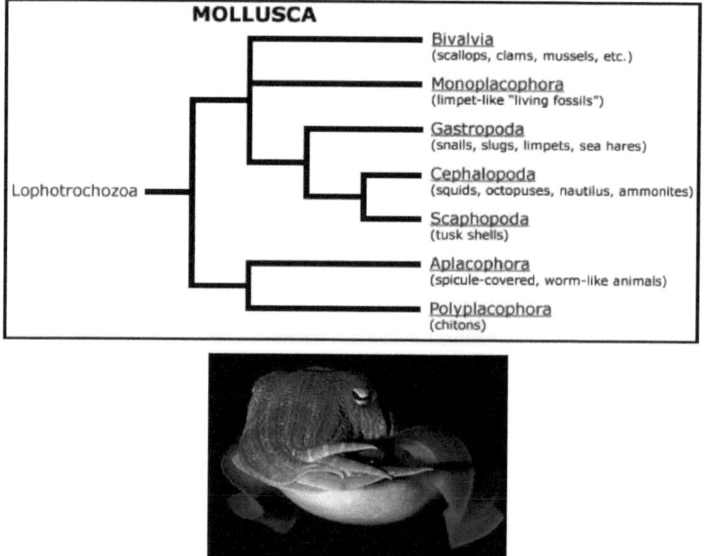

Figura 8.1 Mollusca

Os moluscos também incluem alguns grupos menos conhecidos, como os monoplacóforos, um grupo que se pensava estar extinto há milhões

de anos até ter sido encontrado um em 1952 nas profundezas do oceano ao largo da costa da Costa Rica. Os moluscos são um clado de organismos
todos têm corpos moles que, normalmente, têm uma região de "cabeça" e uma região de "pé". Muitas vezes, os seus corpos são cobertos por um exoesqueleto duro, como nas conchas dos caracóis e amêijoas ou nas placas dos quitões. Os moluscos fazem parte de quase todos os ecossistemas do mundo, sendo membros extremamente importantes de muitas comunidades ecológicas. A sua distribuição varia desde os cumes das montanhas terrestres até às fontes de água quente e às águas frias das profundezas do mar, e o seu tamanho varia desde as lulas gigantes com 20 metros de comprimento até aos aplacóforos , com microscópicosum milímetro ou menos de comprimento, que vivem entre grãos de areia.

Estas criaturas têm sido importantes para os humanos ao longo da história como fonte de alimento, jóias, ferramentas e até animais de estimação. Por exemplo, na costa do Pacífico da Califórnia, os nativos americanos consumiam grandes quantidades de abalone e, especialmente, de lapas de coruja. No entanto, o impacto dos nativos americanos nestas comunidades de moluscos é insignificante em comparação com a sobre-exploração de alguns taxa de moluscos pelos Estados Unidos nas décadas de 1960 e 1970. Espécies que outrora contavam milhões de indivíduos estão agora à beira da extinção.

Por exemplo, restam menos de 100 abalones brancos depois de vários milhões de indivíduos terem sido capturados e vendidos como carne na década de 1970. Para além de terem partes moles deliciosas, os moluscos têm também partes duras desejáveis. As conchas de alguns moluscos são consideradas muito bonitas e valiosas. Os moluscos também podem ser incómodos, como o caracol de jardim comum; e os moluscos constituem uma componente importante das comunidades de incrustantes, tanto nas docas como nos cascos dos navios.

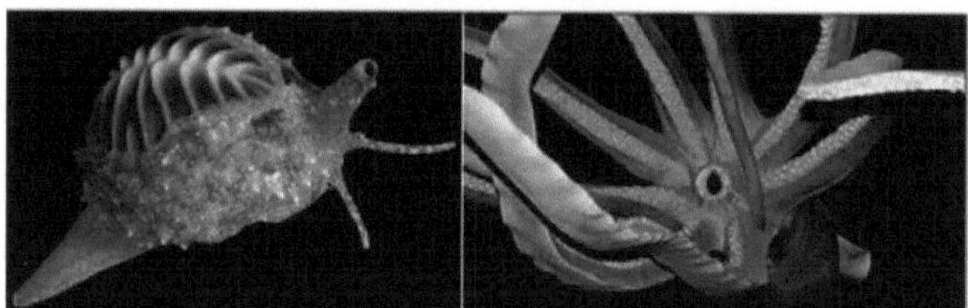

Figura 8.2 Um caracol marinho e o maior de todos os moluscos

À esquerda está um caracol marinho, o Trivia *californiana (Trivia californiana).* Aqui o manto cobre grande parte da concha. Note como uma parte do manto é enrolada em forma de tubo para formar o sifão logo acima da cabeça. À direita, uma restauração de um dos maiores de todos os moluscos, a lula gigante *(Architeuthis).*

Têm também um registo fóssil muito longo e rico que remonta a mais de 550 milhões de anos, o que os torna um dos tipos de organismos mais comuns utilizados pelos paleontólogos para estudar a história da vida.

8.2 Sistemática

A sistemática dos moluscos ainda está em evolução. Como se pode ver no cladograma abaixo, ainda não há acordo sobre algumas das principais relações. As politomias apresentadas indicam que a questão de saber quais os moluscos que estão mais intimamente relacionados continua a ser objeto de debate.

No entanto, continuam a ser efectuados novos tipos de dados e análises muito mais amplas e sofisticadas. As relações resolvidas apresentadas (como cefalópodes, escafópodes e gastrópodes) são descobertas recentes.

8.3 Morfologia

Apesar da sua incrível diversidade, todos os moluscos partilham algumas caraterísticas únicas que definem o seu plano corporal. O corpo tem uma cabeça, um pé e uma massa visceral.

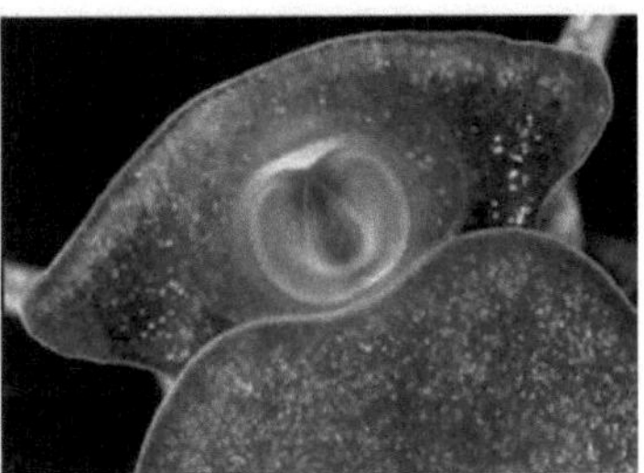

Figura 8.3 Caracol de lago

Tudo isto é coberto por um manto (também conhecido como pálio) que normalmente segrega a concha.

Em alguns grupos, como as lesmas e os polvos, o manto é perdido secundariamente, enquanto noutros é utilizado para outras actividades, como a respiração.

O caracol de água doce da lagoa Sinistral *(Physella* sp.) raspa as algas do vidro com a sua rádula, os dois arcos "dentados" que se podem ver ao longo da boca. Clique na foto para ver mais de perto.

A cavidade bucal, na parte anterior do molusco, contém uma rádula (perdida nos bivalves) - uma fita de dentes suportada por um odontoforo, uma estrutura muscular. A rádula é geralmente utilizada para a alimentação. O pé ventral é utilizado para a locomoção. Este pé impulsiona o molusco através da utilização de ondas musculares e/ou cílios em combinação com muco.

Normalmente, pelo menos nos membros mais primitivos de cada grupo, há um ou mais pares de brânquias (chamadas ctenídios) que se encontram numa cavidade posterior (a cavidade palial) ou num sulco póstero-lateral que rodeia o pé . A cavidade palial contém normalmente um par de osfrádios sensoriais (para cheirar) e é o espaço para onde se abrem os rins, as gónadas e o ânus.

Os moluscos são celomados, embora o celoma seja reduzido e representado pelos rins, gónadas e pericárdio, a principal cavidade do corpo que envolve o coração.

8.4 História de vida e ecologia

Os moluscos ocorrem em quase todos os habitats da Terra, onde são frequentemente os organismos mais visíveis. Embora a maioria se encontre no ambiente marinho, desde a zona intertidal até às profundezas dos oceanos, vários clados principais de gastrópodes vivem predominantemente em água doce ou em habitats terrestres.

Um estudo encontrou cerca de 3000 espécies numa única localidade de um recife de coral na Nova Caledónia. Nas comunidades terrestres, os gastrópodes podem atingir uma diversidade e abundância razoavelmente elevadas: até 60-70 espécies podem coexistir num único habitat e a abundância na folhada pode exceder mais de 500 indivíduos em quatro litros de folhada.

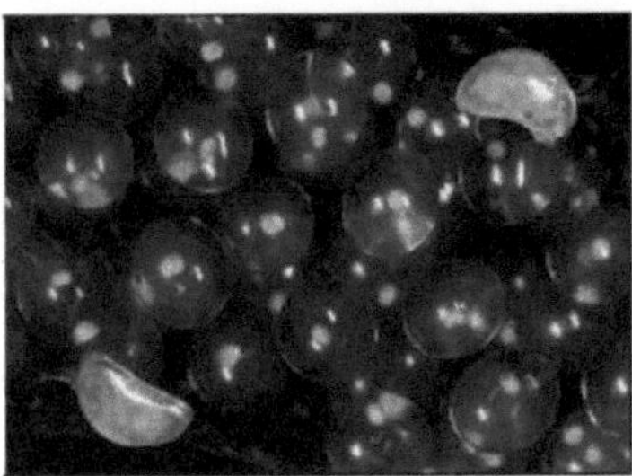

Figura 8.4 Moluscos marinhos

Muitos moluscos marinhos emergem dos seus ovos como larvas trocóforas planctónicas, no entanto, os caracóis da lagoa Sinistral (*Physella* sp.) emergem dos seus ovos como caracóis jovens. Os organismos esbranquiçados, em forma de geleia, são ostracodes (crustáceos).

Os moluscos marinhos ocorrem numa grande variedade de substratos, incluindo costas rochosas, recifes de coral, lodaçais e praias arenosas. Os gastrópodes e os quitões são caraterísticos destes substratos duros e os bivalves estão normalmente associados a substratos mais moles, onde se enterram no sedimento. Contudo, há muitas excepções: o maior bivalve vivo, *Tridacna gigas,* vive em recifes de coral e muitos bivalves (por exemplo, mexilhões e ostras) fixam-se a substratos duros. Alguns gastrópodes microscópicos vivem mesmo intersticialmente entre grãos de areia.

Encontram-se grandes concentrações de gastrópodes e bivalves nas fontes hidrotermais do mar profundo. Viver nestes ou noutros habitats distóxicos parece ser uma condição plesiomórfica para os Mollusca e vários outros grupos. Por exemplo, a fauna das comunidades de fontes hidrotermais do Paleozoico inclui os grupos de moluscos Bivalvia, Monoplacophora e Gastropoda, bem como os grupos exteriores

Brachiopoda e Annelida.

A adoção de diferentes hábitos alimentares parece ter tido uma profunda influência na evolução dos moluscos. A mudança do pastoreio para outras formas de aquisição de alimentos é uma das principais caraterísticas da radiação do grupo. Com base no nosso conhecimento atual das relações, os primeiros moluscos alimentavam-se de animais incrustantes e detritos. Esta alimentação pode ter sido selectiva ou indiscriminada e terá englobado películas e tapetes de algas, diatomáceas ou cianobactérias, ou animais coloniais incrustantes. Os herbívoros verdadeiramente herbívoros são relativamente raros e limitam-se a alguns poliplacóforos e a alguns grupos de gastrópodes. A maioria dos aplacóforos chaetodermomorfos, monoplacóforos e escafópodes alimentam-se de protistas e/ou bactérias, enquanto os aplacóforos neomeniomorfos se alimentam de cnidários. Os cefalópodes são principalmente predadores activos, tal como alguns gastrópodes, enquanto alguns quitões e bivalves sépticos capturam microcrustáceos. A maior parte dos bivalves alimenta-se por suspensão ou por depósito, absorvendo partículas indiscriminadamente, mas selecionando-as depois de forma elaborada com base no tamanho e no peso, assimilando normalmente bactérias, protistas e diatomáceas.

8.5 O registo fóssil

Os Mollusca incluem alguns dos mais antigos metazoários conhecidos. As rochas do Pré-Cambriano tardio do sul da Austrália e da região do Mar Branco, no norte da Rússia, contêm animais bentónicos, bilateralmente simétricos, com uma concha univalvada *(Kimberella)* que se assemelha à dos moluscos.

Os moluscos mais antigos e inequívocos são os moluscos helcionelóides que datam de rochas do Ediacarano tardio (Vendiano).

Figura 8.5 Noceramus e Turritella andersoni

No início do Cambriano, os Coeloscleritophora também estão presentes. A maior parte dos grupos conhecidos, incluindo gastrópodes, bivalves, monoplacóforos e rostroconchas, todos

datam do Cambriano primitivo, enquanto os cefalópodes são encontrados pela primeira vez no Cambriano médio, os poliplacóforos no Cambriano tardio e os Scaphopoda no Ordoviciano .médio A maioria destes primeiros taxa tende a ser pequena (<10 mm de comprimento). Os táxons do Vendiano tardio e do Cambriano inicial têm pouca semelhança com os táxons do Cambriano e do Ordoviciano (a maioria dos quais ainda existe hoje).

À esquerda, *Inoceramus* sp., um bivalve do Cretáceo do condado de Alameda, CA. À direita, *Turritella andersoni*, um gastrópode do Eocénico do Condado de Ventura, CA.

Após o seu aparecimento inicial, a diversidade taxonómica dos moluscos tendeu a permanecer baixa até ao Ordovícico, altura em que os gastrópodes, bivalves e cefalópodes apresentam grandes aumentos de diversidade. Para os bivalves e gastrópodes, esta diversificação aumenta ao longo do Fanerozoico, com perdas relativamente pequenas nos eventos de extinção do final do Pérmico e do final do Cretáceo. A diversidade dos cefalópodes é muito mais variável ao longo do Fanerozoico, ao passo que os restantes grupos (monoplacóforos, rostroconchas, poliplacóforos e escafópodes) mantêm uma diversidade baixa ao longo de todo o Fanerozoico ou extinguem-se.

Capítulo 9. Equinodermatas

9.1 Equinodermatas

Echinoderm is the common name given to any member of the phylum Echinodermata of marine animals. The adults are recognizable by their radial symmetry, and include such well-known animals as sea stars, sea urchins, sand dollars, and sea cucumbers.

Os organismos pertencentes ao filo Echinodermata são exclusivamente marinhos. Até à data, não foram encontrados vestígios de equinodermes terrestres ou de água doce. São organismos multicelulares com sistemas de órgãos bem desenvolvidos. Todos os animais pertencentes a este filo partilham as mesmas caraterísticas. São organismos coloridos com formas únicas. São muito importantes do ponto de vista ecológico e geológico.

Os equinodermes encontram-se tanto no fundo do mar como nas zonas intertidais. Uma caraterística interessante do filo Echinodermata é o facto de todos os organismos pertencentes a este filo serem marinhos. Nenhum dos organismos é de água doce ou marinho. O sistema vascular da água presente nos equinodermos é responsável pelas trocas gasosas, pela circulação de nutrientes e pela eliminação de resíduos.

Os equinodermes (nome científico **Echinodermata**) são um grupo importante de animais exclusivamente marinhos. O nome deriva da palavra grega que significa "pele espinhosa". Existem cerca de 7.000 espécies que se encontram normalmente no fundo do mar em todos os habitats marinhos, desde a zona intertidal até às profundezas do oceano. Apresentam uma grande variedade de cores. Existem pelo menos 800 espécies de equinodermes na Grande Barreira de Coral.

Os equinodermes têm simetria radial, tendo muitos deles cinco ou múltiplos de cinco braços. Possuem uma carapaça, feita principalmente de carbonato de cálcio, que é coberta por pele. A pele contém células que ajudam a suportar e a manter o esqueleto, células de pigmentação, células para detetar movimentos na superfície do animal e, por vezes, células glandulares que segregam fluidos pegajosos ou mesmo toxinas.

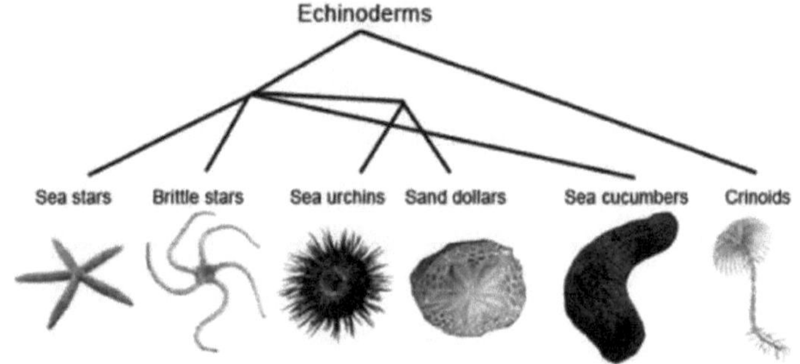

Figura 9.1 Os diferentes grupos de equinodermes

9.2 Caraterísticas dos Echinodermata

1. Têm um aspeto estrelado e são esféricos ou alongados.
2. São animais exclusivamente marinhos.
3. Os organismos são de pele espinhosa.
4. Apresentam um nível de organização de sistema de órgãos. A

maioria dos membros tem um sistema circulatório e um sistema digestivo.

5. São triploblásticos e têm uma cavidade celómica.
6. O esqueleto é constituído por carbonato de cálcio.
7. Têm um sistema circulatório aberto.
8. A respiração é efectuada através de brânquias ou da árvore respiratória cloacal.
9. Têm um sistema nervoso radial simples e o sistema excretor está ausente.
10. O corpo é não segmentado, sem cabeça distinta. A boca está presente no lado ventral, enquanto o ânus está no lado dorsal.
11. Os pés tubulares ajudam na locomoção.
12. Reproduzem-se sexualmente por fusão gamética e assexuadamente por regeneração.
13. A fertilização é externa.
14. O desenvolvimento é indireto.
15. Possuem o poder da regeneração.
16. Têm órgãos dos sentidos pouco desenvolvidos. Estes incluem quimiorreceptores, órgãos tácteis, tentáculos terminais, etc.

9.3 Classificação dos Echinodermata

Asteroidea

- Têm um corpo achatado, em forma de estrela, com cinco braços.
- Têm pés tubulares com ventosas.
- Respiram através das pápulas.

- O corpo é constituído por placas calcárias e espinhos móveis.
- Pedicellaria está presente. Por exemplo, Asterias, Zoroaster

Ophiuroidea

- O corpo é plano com discos pentâmeros.
- Os pés tubulares são desprovidos de ventosas.
- Respiram através das bursas.
- Os braços longos são demarcados do disco central.

  Por exemplo, Ophiderma, Amphuria

Equinoidea

- O corpo é hemisférico.
- Os pés do tubo contêm ventosas.
- O corpo não tem braços.
- O corpo tem um esqueleto compacto e espinhos móveis.

  Por exemplo, Echinus, Cidaris

Holothuroidea

- O corpo é longo e cilíndrico.
- Os braços, os espinhos e as pedicelárias estão ausentes.
- Respiram através da árvore respiratória cloacal.
- Possuem pés tubulares com ventosas. Ex: Cucumaria, Holothuria

Crinoidea

- O corpo tem forma de estrela.
- Os pés tubulares não têm ventosas.

- Os braços são bifurcados.
- Os espinhos e os pedicelos estão ausentes. Por exemplo, Neometra, Antedon

9.4 Sistemas importantes dos equinodermes

9.4.1 Sistema digestivo

Os equinodermes têm um sistema digestivo simples com boca, estômago, intestino e ânus. Em muitos, a boca encontra-se na parte inferior e o ânus na superfície superior do animal. As estrelas-do-mar podem empurrar os seus estômagos para fora do corpo e inseri-los nas suas presas, permitindo-lhes digerir o alimento externamente. Esta capacidade permite às estrelas-do-mar caçar presas muito maiores do que a sua boca permitiria.

9.4.2 Sistema nervoso e sentidos

Os equinodermes não têm cérebro, têm nervos que vão da boca para cada braço ou ao longo do corpo. Têm pequenos pontos oculares na extremidade de cada braço que apenas detectam a luz ou a escuridão. Algumas das suas patas tubulares são também sensíveis a substâncias químicas, o que lhes permite encontrar a fonte de odores, como a comida.

9.4.3 Sistema circulatório

Os equinodermes têm uma rede de canais cheios de fluidos que funcionam nas trocas gasosas, na alimentação e no movimento. A rede contém um anel central e zonas que contêm os pés tubulares que se estendem ao longo do corpo ou dos braços. Os pés tubulares atravessam buracos no esqueleto e podem ser estendidos ou contraídos. Não possuem um coração verdadeiro e o sangue carece frequentemente de qualquer pigmento respiratório (hemoglobina de lúcio).

9.4.4 Sistema respiratório

Os equinodermes têm um sistema respiratório pouco desenvolvido. Utilizam brânquias simples e os seus pés tubulares para absorver oxigénio e expelir dióxido de carbono.

9.4.5 Sistema reprodutor

Os equinodermes são machos ou fêmeas e tornam-se sexualmente maduros após cerca de dois a três anos. A maioria liberta os seus óvulos e espermatozóides na água, onde são fertilizados. Uma fêmea pode libertar cem milhões de ovos de uma só vez. As larvas desenvolvem-se e acabam por se fixar no fundo do mar na sua forma adulta. Algumas estrelas do mar e estrelas quebradiças têm a capacidade de se reproduzir assexuadamente, dividindo-se em duas metades enquanto são pequenos juvenis.

9.4.6 Sistema Excretor

Os equinodermes têm um sistema excretor simples, sem rins, e utilizam a difusão para eliminar os resíduos azotados do seu corpo, que são principalmente gás amoníaco.

O seu estilo de vida varia muito consoante o grupo de equinodermes a que a espécie pertence. As estrelas-do-mar são geralmente predadoras ou detritívoras, alimentando-se de material animal e vegetal em decomposição.

Os crinóides e algumas estrelas quebradiças alimentam-se por filtração passiva, absorvendo partículas em suspensão da água que passa; os ouriços-do-mar são herbívoros e os pepinos-do-mar alimentam-se por depósito, retirando partículas de alimentos da areia ou da lama.

Os caranguejos, os tubarões, as enguias e outros peixes, as aves marinhas, os polvos e as estrelas-do-mar de maiores dimensões são predadores dos equinodermes. Os equinodermes utilizam os seus esqueletos, espinhos, toxinas e a descarga de fios pegajosos pelos pepinos-do-mar como mecanismos de defesa contra os predadores.

9.5 Mais informações sobre InvertebradosZechinoderms

Os banhistas e exploradores de piscinas de maré podem estar familiarizados com as estrelas do mar, ouriços-do-mar e dólares de areia, mas o que muitos podem não saber é que os três estão relacionados. Para além disso, os pepinos-do-mar, as estrelas-quebradiças e os lírios-do-mar, animais menos conhecidos do oceano, completam a árvore genealógica. Em conjunto, estes animais constituem os Echinodermata, uma palavra de origem grega que significa "pele de ouriço".

Os equinodermes vivem em todos os oceanos, mesmo ao largo da costa da Antárctida. Conhecidos como habitantes costeiros, podem ser encontrados a profundidades superiores a 5.000 metros. Alguns são predadores furtivos, perseguindo as presas com velocidade e agilidade, enquanto outros se alimentam de detritos à deriva, ficando presos no lugar, mais parecidos com um campo ondulante de fetos.

9.5.1 Plano corporal

Numa estrela-do-mar típica, é fácil ver a clássica simetria quíntupla que é caraterística dos equinodermes. Esta inclui braços que se projectam para o exterior em torno de um eixo centralizado. Mesmo os pepinos-do-mar, que têm um aspeto mais semelhante a uma minhoca, apresentam normalmente este plano corporal, conhecido como simetria pentameral.

Figura 9.2 A estrela-do-mar ocre *(Pisaster ochraceus)* apresenta a clássica simetria quíntupla

A maioria das espécies tem um número de braços que é um incremento de cinco - há mesmo equinodermes que apresentam um grande número de braços, com algumas estrelas-do-mar a terem até 50. No entanto, há excepções a esta tendência de cinco braços, e não é raro ver uma estrela-do-mar com seis ou sete braços.

Outra caraterística de todos os equinodermes é o seu sistema vascular aquático. Enquanto os seres humanos dependem de uma rede de vasos cheios de sangue, os equinodermes possuem uma série complicada de tubos que utilizam a água do mar para transportar nutrientes e gases por todo o corpo. Este sistema utiliza a pressão da água para dar forma ao animal e ajudá-lo a deslocar-se. Na maioria dos equinodermes, a água entra no corpo através das ranhuras dos pés tubulares e através de uma placa chamada madreporito, que é frequentemente visível a olho nu na parte superior das estrelas-do-mar. Os lírios-do-mar, no entanto, obtêm água através de muitos poros que cobrem o seu corpo.

Os equinodermes possuem um esqueleto interno único (ou endosqueleto) composto por milhares a milhões de componentes de carbonato de cálcio conhecidos como ossículos. À semelhança de um complicado puzzle tridimensional, estas peças são infundidas com tecido e cobertas por uma epiderme, ou revestimento semelhante à pele. Os ossículos têm muitas formas, o que cria a diversidade de tipos de corpos complicados observados nos equinodermes.

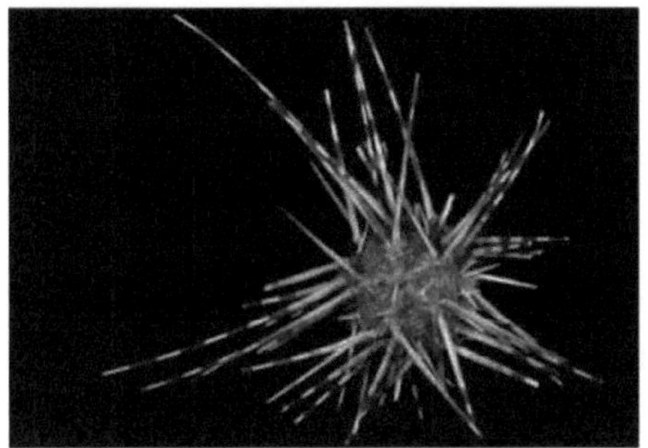

Figura 9.3 Ossículos longos e pontiagudos de *Coelopleurus exquisitus,* uma espécie de ouriço-do-mar

Nos ouriços-do-mar (que incluem os dólares de areia), os ossículos estão firmemente fundidos em formas esféricas ou achatadas, semelhantes a bolos, com espinhos articulados e salientes. Os ossículos podem ser longos e afiados - como se vê nos ouriços-do-mar - ou curtos e semelhantes a pêlos, como se vê em

Discos de areia e seus parentes). O oposto disto é observado nos pepinos-do-mar, que apenas possuem ossículos como pequenas peças separadas num corpo macio semelhante a um verme, visível apenas com um microscópio. Grupos como as estrelas-do-mar apresentam esqueletos dispostos de uma forma intermédia entre estes dois extremos.

Os equinodermes possuem um conjunto invulgar de apêndices nos seus esqueletos, que são utilizados para movimento, interação e defesa. Para além dos espinhos, os ouriços e as estrelas-do-mar possuem pedicelárias (singular pedicellaria) que são estruturas semelhantes a mandíbulas, frequentemente na extremidade dos caules. As pedicelárias têm várias funções, desde a defesa (algumas espécies possuem pedicelárias venenosas) até à captura de alimentos em algumas espécies de estrelas do mar, como as do grupo dos brisingídeos de profundidade, que as utilizam para apanhar crustáceos.

9.5.2 Digestão

Na maioria dos equinodermes, o processo digestivo é relativamente simples, com o alimento a entrar pela boca e a sair pelo ânus. No entanto, as estrelas frágeis e certos grupos de estrelas do mar não têm ânus e, uma vez terminada a digestão, libertam os alimentos pela boca. É de salientar a anatomia digestiva de duas partes em certas estrelas do mar, composta por um estômago cardíaco, que se estende para fora através da boca, e o estômago pilórico interno. Em muitas estrelas do mar, o estômago pilórico pode ser facilmente observado enquanto o animal se alimenta, aparecendo como uma bolha translúcida amorfa. O estômago cardíaco digere o tecido da presa capturada enquanto esta ainda se encontra fora do corpo. O estômago pilórico interno continua a digerir os alimentos e processa os nutrientes para todo o corpo.

9.5.3 Regeneração

Os equinodermes têm uma capacidade espantosa - são capazes de perder um apêndice e simplesmente voltar a crescer. O processo, chamado regeneração, difere de espécie para espécie. Quando o corpo ou o braço de uma estrela-do-mar ou de uma **estrela-quebradiça se parte**, esta cobre inicialmente a ferida exposta com uma camada protetora de células cutâneas especializadas. Com a ferida coberta, pode então dedicar-se ao processo de reconstrução. Em geral, a regeneração envolve a transformação de células.

Figura 9.4 Esta estrela-do-mar roxa brilhante é uma nova espécie

Cada célula do corpo tem um determinado papel ou função - uma célula muscular tem a maquinaria para se contrair, uma célula nervosa tem a capacidade de conduzir sinais eléctricos. Quando uma estrela-do-mar está em processo de regeneração, estas células especializadas perdem as suas caraterísticas únicas. A maior parte desta "desdiferenciação" ocorre perto da ferida ou fratura, mas algumas células de todo o corpo também passam por este processo. Essas células migram então para a parte do corpo que está a crescer. Quando uma estrela do mar ou uma estrela quebradiça se divide espontaneamente, chama-se fissão. Este é frequentemente um meio de reprodução assexuada, ou reprodução envolvendo apenas um indivíduo.

Num processo coordenado que ainda é um pouco misterioso para os cientistas, as células não especializadas reprogramam-se e constroem a parte do corpo que falta. A regeneração pode levar meses em algumas espécies, e é por isso que é comum ver estrelas do mar ou estrelas quebradiças com braços apenas parcialmente crescidos.

Perder um braço é apenas um tipo de regeneração. Os pepinos-do-mar não têm braços, mas são igualmente hábeis quando se trata de reconstruir partes do corpo perdidas. Os pepinos-do-mar perdem muitas vezes partes do corpo de propósito. Expulsam as suas vísceras, incluindo os órgãos respiratórios, os órgãos digestivos e as gónadas, como forma de distrair um

ameaça que se aproxima. Também o fazem numa base sazonal, embora os cientistas ainda não saibam porquê. Uma vez eliminadas as vísceras, estas regeneram-se, embora mais rapidamente do que os braços da estrela-do-mar.

9.5.4 Movimento

O sistema vascular aquático dos equinodermes não só transporta alimentos, oxigénio e resíduos para todo o corpo, como também permite que as estrelas-do-mar, os pepinos-do-mar e os ouriços-do-mar se desloquem.

Figura 9.5 Estrelas do mar

No fundo do corpo de muitos equinodermes existem potencialmente milhares de "*pés* tubulares" cheios de água. No exterior, os pés aparecem como uma franja de apêndices. No interior do corpo, um bolbo muscular e flexível está ligado a cada tubo. Quando o bolbo está cheio de água, o pé tubular relaxa. Para estender o pé, o equinoderme força a água do bolbo para os pés, o que cria pressão. Uma coordenação sincronizada de todos os pés tubulares permite que o equinoderme se mova - quase como se as estrelas do mar se arrastassem pelo fundo do mar usando centenas de pequenos pés tubulares.

Estes pés tubulares funcionam através de um sistema vascular de água que estende e retrai os pés através de forças hidráulicas.

As estrelas-do-mar e os ouriços-do-mar caminham sobre os seus numerosos pés tubulares, utilizando mais do que a fricção para se deslocarem. Na extremidade de cada pé tubular existe **um conjunto de células** que segregam substâncias úteis para aderir ao fundo do mar (ou a qualquer outra superfície). Uma célula segrega uma substância semelhante a uma cola que adere a uma superfície, o que permite ao equinoderme fixar-se temporariamente a uma superfície. Para se soltar, a segunda célula segrega outra substância que dissolve a cola. Quando uma estrela-do-mar se desloca, as secreções são deixadas para trás como **um rasto de "pegadas".**

O movimento é essencial para a sobrevivência, mas, nalguns casos, também o é ficar parado. Para o dólar de areia leve, manter-se no lugar em águas turbulentas requer um pouco de engenho. É por isso que alguns dólares de areia têm **fendas visíveis no seu corpo** que irradiam do seu centro. Estas fendas **lúnulas** e ajudam a evitar que os dólares de areia sejam levantados do fundo do mar pelas correntes das ondas.

A maioria das estrelas frágeis é invulgar na medida em que se propulsionam ao longo do fundo do mar utilizando os braços, numa espécie de movimento de remo ou de arrastamento. Em o mar profundo, há registos de estrelas frágeis invulgares que são capazes de nadar durante curtos períodos. Em contrapartida, as estrelas de cesto e as estrelas-cobra, que vivem nos corais, movem-se muito raramente, preferindo sentar-se e alimentar-se à medida que as correntes de água lhes trazem o alimento.

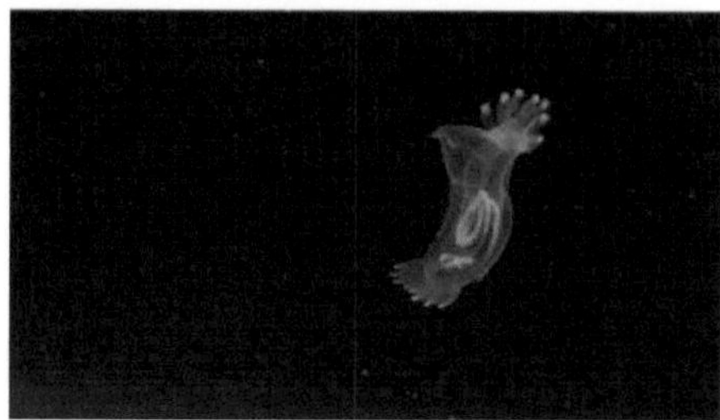

Figura 9.6 Um pepino-do-mar à deriva nas profundezas do mar

As estrelas de pluma permanecem geralmente imóveis durante longos períodos de tempo, mas podem mover-se periodicamente utilizando pequenas "pernas" chamadas cirri que as mantêm presas ao fundo do mar. Algumas espécies de estrelas de penas são capazes de usar os braços para nadar. A maior parte das estrelas de penas que nadam fazem-no apenas durante um curto período de tempo.

Os pepinos-do-mar tendem a rastejar ao longo do fundo do mar, mas também podem permanecer no mesmo sítio durante longos períodos de tempo. Excecionalmente, existem alguns pepinos-do-mar muito bizarros

que vivem nas profundezas do mar e que são capazes de nadar, na maioria das vezes por curtos períodos. Num caso, existe um verdadeiro pepino-do-mar nadador que parece mais uma medusa e vive na coluna de água ao lado de outros animais nadadores.

9.5 Viver com outros

A extremidade traseira de um pepino-do-mar pode parecer um espaço indesejável, mas para um peixe-pérola, serve exatamente para isso. Um peixe sem escamas e translúcido, o peixe-pérola procura a cavidade anal de um pepino-do-mar tanto para sua proteção como, em alguns casos, para uma refeição fácil. Como o pepino-do-mar respira inspirando água pelo ânus, o peixe-pérola pode esperar que o pepino se abra para respirar e nadar para dentro. Nalguns casos, a relação é comensal, o que significa que o pepino-do-mar não é afetado pelo peixe que o habita, mas algumas espécies de peixe-pérola alimentam-se das gónadas e dos órgãos internos do pepino-do-mar. Podem existir cinco ou mais peixes-pérola a viver dentro de um único pepino-do-mar.

Outras relações não são tão invasivas. **Os poliquetas, um tipo de verme**, vivem frequentemente em relações simbióticas com as estrelas do mar. O verme poliqueta *Arctonoe vittate* viverá com a estrela-do-mar *Dermasterias imbricata* como forma de obter uma refeição fácil. Quando a estrela-do-mar se alimenta, deixa frequentemente restos, que a minhoca come. Da mesma forma, o pepino-do-mar *Rynkatorpa pawsoni* vive a sua vida agarrado à barriga de um tamboril. É provável que o pepino-do-mar beneficie do facto de ser transportado pelo peixe, comendo os restos apanhados pelas papadas do peixe. Nenhum outro equinoderme usa um peixe como hospedeiro.

Alguns caranguejos preferem os ouriços como vizinhos convenientes. Os caranguejos da família Dorippidae colocam ouriços-do-mar em cima das suas conchas como forma de afastar os predadores.

Capítulo 10 . Anelídeos

10.1 Anelídeos

Os anelídeos incluem as minhocas, os vermes poliquetas e as sanguessugas. Todos os membros do grupo são, em certa medida, segmentados, ou seja, constituídos por segmentos formados por subdivisões que atravessam parcialmente a cavidade corporal. A segmentação também é chamada de metamerismo. Cada segmento contém elementos de sistemas corporais como os tratos circulatório, nervoso e excretor. O metamerismo aumenta a eficiência do movimento corporal, permitindo que o efeito da contração muscular seja extremamente localizado, e torna possível o desenvolvimento de uma maior complexidade na organização geral do corpo.

Para além de ser segmentada, a parede do corpo dos anelídeos é caracterizada por ser constituída por fibras musculares circulares e longitudinais rodeadas por uma cutícula húmida e acelular que é segregada por um epitélio epidérmico. Todos os anelídeos, com exceção das sanguessugas, têm também estruturas semelhantes a pêlos de quitão, denominadas cerdas, que se projectam a partir da cutícula. Por vezes, as cerdas estão localizadas em apêndices semelhantes a pás, denominados parapódios.

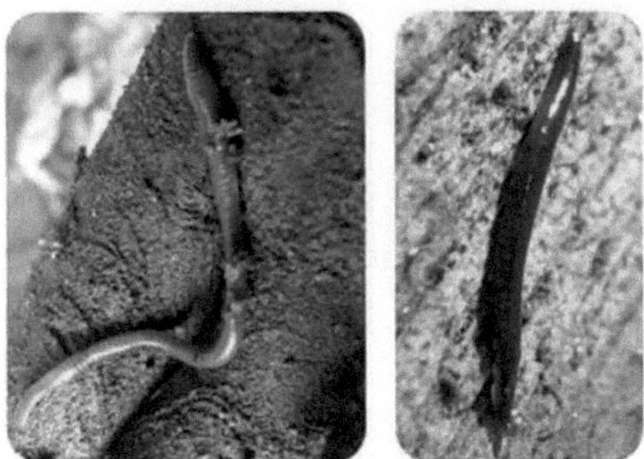

Figura 10.1 Anelídeos

Os anelídeos são esquizocelulares e possuem um celoma verdadeiro grande e bem desenvolvido (isto é, revestido de mesoderme). Exceto nas sanguessugas, o celoma está parcialmente subdividido por septos. A pressão hidrostática é mantida entre os segmentos e ajuda manter a rigidez do corpo, permitindo que as contracções musculares dobrem o corpo sem o colapsar.

Os órgãos internos dos anelídeos são bem desenvolvidos. Incluem um sistema circulatório fechado e segmentado. O sistema digestivo é um tubo completo com boca e ânus. A troca de gases é efectuada através da pele ou, por vezes, através de brânquias especializadas ou parapódios modificados. Cada segmento contém normalmente um par de nefrídios. O sistema nervoso inclui um par de gânglios cefálicos ligados a cordões nervosos duplos que percorrem o comprimento do animal ao longo da parede ventral do corpo, com gânglios e ramos em cada segmento. Os anelídeos têm uma combinação de órgãos tácteis, quimiorreceptores, receptores de equilíbrio e fotorreceptores; algumas formas têm olhos bastante bem desenvolvidos, incluindo lentes.

Figura 10.2 Annelida e alguns exemplos da sua diversidade

Os anelídeos podem ser monóicos ou dióicos. As larvas podem ou não estar presentes; se estiverem presentes, são do tipo trocóforo. Algumas formas também se reproduzem assexuadamente. São protostómios, com clivagem em espiral. Os membros do filo Annelida podem ser encontrados em todo o mundo, em ambientes marinhos, de água doce e terrestres.

Ecologicamente, variam de alimentadores passivos de filtros a predadores vorazes e activos.

10.2 Caraterísticas dos Annelida

As caraterísticas dos organismos presentes no Filo Annelida são as seguintes:

1. Os anelídeos são celomados e triploblásticos.
2. Apresentam uma organização ao nível do sistema de órgãos.
3. O seu corpo é segmentado e respiram através da sua superfície corporal.

4. Os nefrídios são os órgãos excretores.
5. Têm um sistema circulatório e digestivo bem desenvolvido.
6. O seu corpo contém hemoglobina, que lhe confere uma cor vermelha.
7. A regeneração é uma caraterística muito comum dos anelídeos.
8. As caudas ajudam-nos a deslocar-se.
9. A maioria dos anelídeos é hermafrodita, ou seja, os órgãos masculinos e femininos estão presentes no mesmo corpo. Reproduzem-se tanto sexualmente como assexuadamente. Os outros reproduzem-se sexuadamente. Por exemplo, as minhocas e as sanguessugas

10.3 Classificação dos Annelida

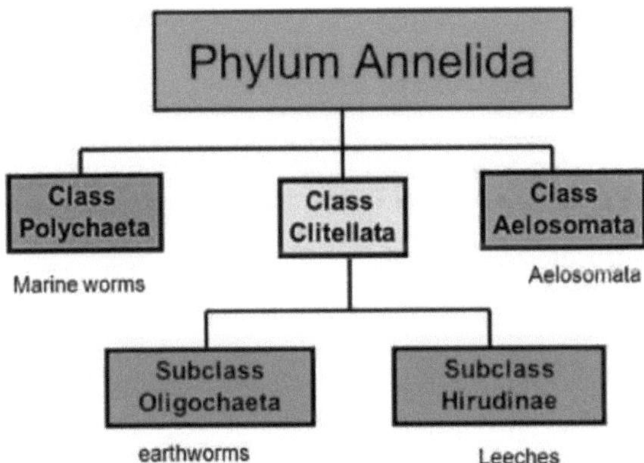

Cerca de 8.700 espécies conhecidas de Annelida estão divididas em quatro classes principais, principalmente com base na presença e ausência de parapódios, cerdas, metâmeros e outras caraterísticas morfológicas.

Classe 1- Polychaeta (Gr., poly=muitos**, chaeta=cerdas/pêlos**)

- Principalmente marinhos, alguns de água doce.

- Carnívora
- A segmentação do corpo é interna e externa.
- A cabeça é constituída por prostómio e peristómio e tem olhos, cirros de tentáculos e palpos.
- Numerosas setas nos parapódios laterais.
- O clitelo está ausente.
- Para a respiração, podem estar presentes cirros, ramos ou ambos.
- O celoma é espaçoso, geralmente dividido por septos intersegmentares.
- O tubo digestivo com a região bucal eversível e a faringe protrusível.
- O órgão excretor é um nefrídio segmentarmente emparelhado.
- Sexos separados. Gónadas temporárias e em vários segmentos.
- Fertilização externa.
- Reprodução assexuada por brotamento lateral.
- Larva trocofórica presente.

Polychaeta dividiu-se em duas subclasses, Errantia e sedentaria, segundo Fauvel (1959). No entanto, de acordo com Dab (1963), esta divisão é artificial e não natural.

Subclasse 1. Errantia

- Poliquetas nadadores livres, rastejantes, escavadores ou tubulares e predadores.
- Segmentação semelhante, exceto nas extremidades anterior e posterior.
- O prostómio é distinto, com órgãos sensoriais.

- Os parápodes, providos de cirros, são igualmente desenvolvidos em todo o corpo.
- Faringe protrusível, alargada e geralmente com mandíbulas e dentes.
- Exemplos:
  Nereis, Afrodite, Polynoe, Phyllodoce, Tomopteris, Syllis, Eunice, Histriobd ella.

Subclasse 2. Sedentária

- Forma escavadora e tubular.
- Corpo constituído por 2 ou mais regiões, com segmentos e parapódios diferentes.
- Cabeça pequena ou muito modificada sem olhos e tentáculos, prostómio pequeno.
- Ausência de acículas e de cerdas compostas.
- Faringe não protrusível sem mandíbulas e dentes.
- Brânquias, quando presentes, localizadas nos segmentos anteriores.
- Alimentam-se de plâncton ou detritos orgânicos.
- Exemplos:
  Chaetopterus, Arenicola, Owenia, Sabella, Terebella, Sabellaria, Pomatocero us.

Classe 2- Oligochaeta (Gr., oligos=poucos+ **chaete**= cabelo)

- Principalmente terrestres ou algumas formas de água doce.
- Corpo com segmentação externa e interna bem visível.
- Cabeça indistinta, sem órgãos sensoriais.
- Poucas setas, incrustadas na pele.

- Parapódios ausentes.
- Clitelo glandular presente para a formação do casulo.
- A faringe não é eversível e não possui mandíbulas.
- Hermafroditas, ou seja, com os sexos unidos.
- Testes anteriores aos ovários.
- O desenvolvimento é direto. fecundação externa (no casulo); não há fase larvar.

Ordem 1. Archioligochaeta

- Forma maioritariamente de água doce.
- O corpo é constituído por alguns segmentos.
- As setas estão presentes em feixes.
- A moela é pouco desenvolvida, não é muscular ou está ausente.
- O clitelo é mais simples, é constituído por uma única camada de células e situa-se na direção oposta.
- As manchas oculares estão frequentemente presentes.
- As aberturas reprodutoras masculinas situam-se à frente das aberturas reprodutoras femininas.
- Reprodução assexuada e sexuada.
- Exemplos:

  Tubifex, Aelosoma.

Ordem 2. Neooligochaeta

- Geralmente formas terrestres.
- O corpo é grande e tem muitos segmentos.
- As setae são geridas de forma lumbricina.
- A moela é bem desenvolvida.
- O clitelo é composto por duas ou mais camadas de células e

nunca começa antes do décimo segundo segmento.

- A abertura genital feminina está sempre no 14° segmento e o poro masculino situa-se alguns segmentos atrás.
- Os vasa differentia são alongados, estendendo-se por 3 ou 4 segmentos.
- As manchas oculares nunca são desenvolvidas.
- Reprodução sexual. A reprodução assexuada não é conhecida.
- Exemplos:

  Pheretima, Eutypheus, Megascolex, Lumbricus.

Classe 3- Hirudinea (L., hirudo= uma sanguessuga**)**

- Na sua maioria ectoparasitas, sugadores de sangue ou carnívoros. Poucos são marinhos, de água doce ou terrestres.
- O corpo é alongado e geralmente achatado e dorso-ventralmente ou cilíndrico.
- O corpo é constituído por um número fixo de segmentos (33). Cada segmento divide-se em 2 a 4 anéis ou anéis.
- Segmentação externa sem septos internos.
- A parábola e as cerdas estão ausentes.
- Extremidades anterior e posterior do corpo com ventosas situadas ventralmente .
- A boca abre-se na superfície ventral das ventosas anteriores, enquanto o ânus se abre dorsalmente às ventosas posteriores.
- Coeloma muito reduzido devido ao preenchimento por tecidos botrioidais, formando seios hemocelómicos.
- Hermafrodita com um gonóporo masculino e um feminino.
- Fertilização interna.

- A reprodução assexuada não é conhecida.
- Os ovos são sempre postos em casulos.
- O desenvolvimento é direto sem uma fase larvar de natação livre.

Ordem 1. Acanthobdellida

- Parasita principalmente nas barbatanas dos peixes salmão.
- O corpo é composto apenas por 30 segmentos.
- São primitivos, sem ventosas anteriores, probóscide e mandíbulas.
- Cinco segmentos anteriores apresentam duas filas de cerdas.
- A cavidade do corpo é espaçosa e incompletamente dividida por septos.
- O sistema vascular é constituído pelos vasos dorsais e ventrais.
- Abertura nefridial situada na superfície entre os segmentos.
- Exemplos: um único género e espécie *(Acanthobdella)* parasita do salmão.

Ordem 2. Rhynchobdellida

- Parasitas de caracóis, rãs e peixes, marinhos e de água doce.
- Cada segmento típico do corpo é constituído por 3, 6 ou 12 anéis.
- A boca é uma pequena abertura mediana situada nas ventosas anteriores.
- Uma probóscide protuberante sem mandíbulas.
- Célula sem compartimentos.
- Sistema vascular sanguíneo separado dos seios celómicos.
- O sangue é incolor.
- Exemplos: *Placobdella, Helobdella, Piscícola, Branchellion.*

Ordem 3. Gnathobdellia

- Forma terrestre e de água doce. Sanguessugas ectoparasitas sugadoras de sangue.

- Cada segmento corporal típico é constituído por 5 anéis ou anéis.
- Ventosas anteriores com 3 mandíbulas, 1 mediana dorsal e 2 ventrolaterais.
- A probóscide está ausente.
- O sangue é de cor vermelha.
- Tecidos botrioidais presentes.
- Exemplos: *Hirudo, Hirudinaria, Haemadipsa, Herpobdella.*

Ordem 4. Pharyngobdellida

- Terrestres e aquáticos. Alguns predadores.
- Faringe não protrusível. Não existem dentes, mas podem estar presentes um ou dois estilos.
- Exemplos:

  Erpobdella, Dina.

Classe 4- Archiannellida (Gr., arch=primeiro)

- Forma exclusivamente marinha.
- Corpo alongado e semelhante a um verme.
- As setas e os parapódios estão geralmente ausentes.
- A segmentação externa é ligeiramente marcada pelo desmaio, enquanto a segmentação interna é marcada pelos septos celómicos.
- O prostómio tem 2 ou 3 tentáculos.
- Os sexos são geralmente separados, hermafroditas.
- Geralmente larva trocófora.
- Exemplos:

  Polygordius, Dinophilus, Protodrilus.

Mais informações sobre a classificação dos Annelida:

- Polychaeta

- Oligochaeta
- Hirudíneos
- Archiannelida

Polychaeta

- O corpo é alongado e dividido em segmentos.
- Encontram-se no meio marinho.
- Estes são verdadeiros celomados, vermes bilateralmente simétricos.
- Excretam através dos metanefrídios e dos protonefrídios.
- A fertilização é externa.
- Têm um sistema nervoso bem desenvolvido.
- O sistema circulatório é do tipo fechado.
- São hermafroditas.
- Podem possuir apêndices semelhantes a barbatanas, chamados parapódios.
- Os organismos pertencentes a este grupo não possuem clitelo e são dióicos.
- Por exemplo, Nereis, Syllis

Oligochaeta

- São maioritariamente organismos de água doce e terrestres.
- O corpo está segmentado metamericamente.
- A cabeça, os olhos e os tentáculos não são distintos.
- São hermafroditas, mas a fecundação cruzada ocorre.
- A fertilização é externa.
- Dá-se a formação do casulo.

- As setas são segmentadas.
- Não possuem parapódios, mas o clitelo está presente.
- Os organismos pertencentes a esta classe são monóicos.
- Não apresentam uma fase larvar livre e o desenvolvimento ocorre no interior dos casulos.
- Exemplo:
  Pheretima, Tubifex

Hirudíneos

- Encontram-se mais frequentemente em água doce. Alguns são marinhos, terrestres e parasitas.
- O corpo é segmentado.
- Os tentáculos, os parapódios e as cerdas não estão presentes.
- Os animais são monóicos.
- O corpo é dorsoventralmente ou cilíndricamente achatado.
- Apresentam uma ventosa anterior e uma posterior na face ventral.
- Os organismos põem ovos em casulos.
- Não existe uma fase larvar durante o desenvolvimento do organismo.
- A boca está localizada ventralmente na ventosa anterior, enquanto o ânus está presente dorsalmente na ventosa posterior.
- A fertilização é interna.
- São hermafroditas.
- Por exemplo, Hirudinaria

Archiannelida

- Encontram-se apenas no meio marinho.

- O corpo é alongado, sem cerdas e parapódios.
- São unissexuais ou hermafroditas.
- Existem tentáculos no prostómio.
- Por exemplo, Dinophilus, Protodrilus

10.4 Estrutura e função dos anelídeos

O comprimento dos anelídeos varia entre menos de 1 milímetro e mais de 3 metros. Nunca atingem o tamanho grande de alguns moluscos. No entanto, tal como os moluscos, possuem um celoma.

De facto, o celoma dos anelídeos é ainda maior, permitindo um maior desenvolvimento dos órgãos internos. Os anelídeos têm outras semelhanças com os moluscos, incluindo:

- Um sistema circulatório fechado (como nos cefalópodes).
- Sistema excretor constituído por nefrídios tubulares.
- Um sistema digestivo completo.
- Um cérebro.
- Órgãos sensoriais para a deteção da luz e de outros estímulos.
- Brânquias para troca de gases (mas muitos trocam gases através da pele).

A **segmentação** dos anelídeos é altamente adaptativa. Por um lado, permite um movimento mais eficiente. Cada segmento tem geralmente os seus próprios tecidos nervosos e musculares. Assim, as contracções musculares localizadas podem mover apenas os segmentos necessários para um determinado movimento.

Summary of distinguishing features

	Annelida	Recently merged into Annelida		Closely related	Similar-looking phyla	
		Echiura	**Sipuncula**	**Nemertea**	**Arthropoda**	**Onychophora**
External segmentation	Yes	No		Only in a few species	Yes, except in mites	No
Repetition of internal organs	Yes	No		Yes	In primitive forms	Yes
Septa between segments	In most species	No				
Cuticle material	Collagen			None	α-chitin	
Molting	Generally no; but some polychaetes molt their jaws, and leeches molt their skins	No			Yes	
Body cavity	Coelom; but this is reduced or missing in many leeches and some small polychaetes	Two coelomata, main and in proboscis	Two coelomata, main and in tentacles	Coelom only in proboscis	Hemocoel	
Circulatory system	Closed in most species	Open outflow,	Open	Closed	Open	

A segmentação também permite que um animal tenha segmentos especializados para realizar funções específicas. Isto permite que o animal inteiro seja mais eficiente. Os anelídeos têm a capacidade espantosa de fazer crescer novamente os segmentos que se separam. A isto chama-se **regeneração.**

Os anelídeos têm uma variedade de estruturas na superfície do seu corpo para movimento e outras funções. Estas estruturas variam consoante a espécie. Algumas dessas estruturas são descritas na **figura** abaixo.

Figura 10.3 Várias estruturas

Muitos anelídeos têm cerdas e outros tipos de estruturas externas. Cada estrutura não está presente em todas as espécies.

10.5 Reprodução dos anelídeos

A maioria das espécies de anelídeos pode reproduzir-se tanto assexuadamente como sexuadamente. No entanto, as sanguessugas só se podem reproduzir sexuadamente. A reprodução assexuada pode ocorrer por brotamento ou fissão. A reprodução sexuada varia consoante a espécie.

- Nalgumas espécies, o mesmo indivíduo produz esperma e ovos. Mas as minhocas acasalam para trocar esperma, em vez de auto-fertilizarem os seus próprios ovos. Os ovos fertilizados são depositados num casulo mucoso. A descendência emerge do casulo com o aspeto de pequenos adultos. Crescem até ao tamanho adulto sem passar por uma fase larvar.

- Nas espécies poliquetas, existem sexos separados. Os vermes adultos passam por uma grande transformação para desenvolver órgãos reprodutores. Isto ocorre em muitos adultos ao mesmo tempo. Depois, todos eles nadam até à superfície e libertam os seus gâmetas na água, onde ocorre a fertilização. Os descendentes passam por uma fase larvar antes de se tornarem adultos.

10.6 Ecologia dos anelídeos

Os anelídeos vivem numa diversidade de habitats de água doce, marinhos e terrestres. Os anelídeos variam quanto aos alimentos de que se alimentam e à forma como os obtêm.

- As minhocas **alimentam-se de depósitos.** Elas escavam o solo, comendo-o e extraindo dele matéria orgânica. As fezes das minhocas, chamadas excrementos de minhoca, são muito ricas em nutrientes para as plantas. As tocas das minhocas ajudam a arejar o solo, o que também é bom para as plantas.

- **Os poliquetas** vivem no fundo dos oceanos. Podem ser filtradores sedentários, predadores activos ou necrófagos. As espécies activas rastejam ao longo do fundo do oceano em busca de alimento.

- **As sanguessugas** são predadoras ou parasitas. Como predadores, capturam e comem outros invertebrados. Como parasitas, alimentam-se do sangue de hospedeiros vertebrados. Têm um órgão tubular, chamado **probóscide**, para se alimentarem.

O quadro seguinte compara os três filos de vermes (quadro abaixo).

Phylum	**Common Name**	**Body Cavity**	**Segmented**	**Digestive System**	**Example**
Platyhelminthes	Flatworm	No	No	Incomplete	Tapeworm
Nematoda	Roundworm	Yes	No	Complete	Heartworm
Annelida	Segmented worm	Yes	Yes	Complete	Earthworm

Tabela 10.1 Comparação de vermes

Capítulo 11 . Milípedes

11.1 Milípedes

Embora não sejam nocivos, os milípedes podem ser um incómodo. Aprenda todos os factos sobre os milípedes que precisa de saber e que o ajudarão a compreender melhor estas criaturas.

Os milípedes são artrópodes longos e multi-segmentados que se assemelham às centopeias, mas as centopeias têm apenas um par de patas em cada segmento, enquanto os milípedes têm duas patas na maioria dos segmentos. Os milípedes também não têm as patas dianteiras venenosas das centopeias. As centopeias também se assemelham aos insectos, mas os insectos têm sempre apenas 3 segmentos do corpo e 6 patas. As centopeias têm um par de antenas e peças bucais mastigadoras. TAMANHO**:** Comprimento do corpo até cerca de 10 cm no caso das centopeias do Kentucky

Figura 11.1 Miilpedes

11.2 Factos sobre as centopeias

Os milípedes são aqueles insectos pretos compridos com o que parece ser um milhão de patas minúsculas que vê a rastejar nas janelas do seu quarto e que se enrolam numa bola apertada quando são ameaçados. Não o mordem, mas podem emitir um líquido malcheiroso que pode irritar os seus olhos ou a sua pele. Embora não sejam prejudiciais para a sua família, podem ser incómodas em grande número. Aqui estão mais factos sobre os milípedes para o ajudar a compreender melhor estas criaturas de muitas pernas.

Os milípedes são artrópodes. Embora possam assemelhar-se a vermes de mil pernas, os milípedes não são, de facto, vermes, mas sim artrópodes, o que significa que são invertebrados com um exoesqueleto, um corpo segmentado e apêndices articulados.

Os milípedes são das criaturas mais antigas a andar em terra. Provas fossilizadas mostram que uma criatura semelhante a um milípede foi um dos primeiros e maiores invertebrados a andar em terra, com um metro e meio de comprimento e um metro e meio de largura. Um fóssil em particular foi descoberto há 420 milhões de anos e recebeu o nome de Pnueumodesmus newmani, em homenagem à pessoa que o descobriu. Os milípedes são os pequenos recicladores da natureza. São detritívoras, o que significa que se alimentam de plantas e animais mortos. Os milípedes reciclam os nutrientes para o solo a um ritmo muito mais rápido do que as plantas e os animais que se decompõem naturalmente. Com tamanhos que variam entre um quarto e até 15 centímetros de comprimento, os milípedes desempenham um papel importante na decomposição dos resíduos da natureza.

Os milípedes adoram espaços húmidos porque precisam de humidade para viver. É por isso que as encontra sobretudo em espaços de rastejamento, caves húmidas, adegas e portas/janelas de vidro deslizantes - se é que as encontra dentro de casa. Os milípedes preferem muito mais o ar livre, fazendo as suas casas debaixo de palha, composto, pedras e montes de folhas.

Embora a casa natural de um milípede não seja dentro da sua casa, pode encontrá-los na primavera e no outono, após longos períodos de chuva ou seca. Mas eles não ficarão lá por muito tempo. Como os milípedes necessitam de níveis de humidade tão elevados, normalmente morrem no espaço de um a dois dias dentro de casa. Por isso, se tiver uma infestação, basta esperar que os "invasores" desapareçam e aspirar os restos. As centopeias não têm mil patas. Um filhote nasce com apenas três pares de patas e pode chegar a 200 quando adulto. Têm dois pares de patas por segmento do corpo. Esta é a principal diferença entre as centopeias e as milípedes, uma vez que as centopeias têm apenas um par de patas por segmento. As centopeias protegem-se enrolando-se em espiral sempre que se sentem ameaçadas. Isto protege a sua parte inferior macia. Também se enrolam em espiral quando morrem.

As centopeias e as milípedes, embora aparentadas, são muito diferentes. Os corpos das milípedes são mais redondos, enquanto as centopeias têm um aspeto mais achatado e antenas alongadas.

As centopeias são também muito mais rápidas do que os milípedes. A diferença mais importante é que as centopeias são carnívoras e algumas espécies podem morder. A picada de uma centopeia é bastante dolorosa e o seu veneno pode causar problemas de saúde. Se suspeitar que você ou um ente querido pode ter sido mordido por uma centopeia, não se esqueça de consultar um médico.

Os milípedes são invertebrados cilíndricos ou ligeiramente achatados. Não são insectos - na verdade, estão mais próximos das lagostas, camarões e lagostins. A palavra "milípede" traduz-se por "mil pés" - mas embora os milípedes tenham muitos pés, nenhum deles tem exatamente mil. A maioria das espécies tem, de facto, menos de cem. Os corpos dos milípedes estão divididos em vários segmentos, e cada segmento tem dois conjuntos de patas que se ligam à parte inferior do corpo. As centopeias têm um aspeto muito diferente das suas primas centopeias, que têm um conjunto de patas por segmento, que se fixam aos lados do corpo.

Existem 7.000 espécies de milípedes no mundo, e 1.400 delas ocorrem nos Estados Unidos e no Canadá. Os mais pequenos têm menos de uma polegada (2,5 centímetros) de comprimento, mas o milípede comum spirobolid pode crescer até mais de cinco polegadas (13 centímetros). Os milípedes movem-se lentamente através do solo e da matéria orgânica, decompondo o material vegetal morto e rejuvenescendo o solo, tal como as minhocas. Quando se tornam demasiado abundantes, por vezes danificam as plântulas nos jardins.

- **Ciclo de vida**

As centopeias têm metamorfose incompleta: as centopeias jovens nascem dos ovos e assemelham-se a pequenas versões das centopeias adultas. As centopeias perdem a pele (a chamada "muda") à medida que crescem, acrescentando geralmente pernas de cada vez que mudam de pele.

- **Ecologia**

As centopeias são comuns no solo, debaixo de pedras e noutros locais escuros e húmidos. As centopeias não se deslocam muito depressa e a maioria das espécies alimenta-se de material vegetal em decomposição. As centopeias não têm ferrões ou presas venenosas, mas algumas delas podem segregar substâncias químicas com cheiro e sabor desagradáveis a partir de poros nas partes laterais do corpo. Estas substâncias químicas ajudam a manter muitos predadores afastados. Apesar desta defesa, as centopeias são frequentemente comidas por centopeias, aranhas e insectos predadores.

Reconhecimento e hábitos

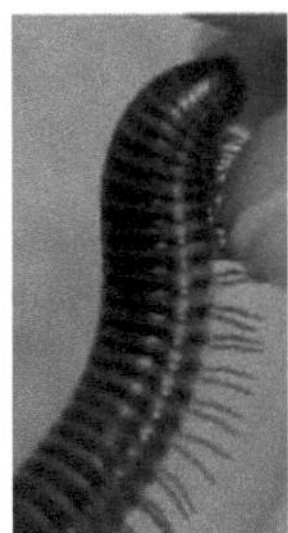

Figura 11.2 Miilpedes

A maior parte dos milípedes são acastanhados ou enegrecidos, semelhantes a vermes, segmentados e de movimentos lentos. Cada segmento do corpo tem **dois** pares de patas muito curtas. As centopeias que normalmente invadem os edifícios têm cerca de 1,5 a 2,5 cm de comprimento e tendem a enrolar-se como uma mola de relógio quando são perturbadas. Não mordem, ao contrário de algumas centopeias que têm **um** par de patas por segmento do corpo e tendem a deslocar-se mais rapidamente.

Na natureza, os milípedes são necrófagos e alimentam-se principalmente de matéria orgânica em decomposição. Ocasionalmente, alimentam-se de plantas jovens, mas os danos infligidos raramente são significativos. Os milípedes têm uma elevada necessidade de humidade e tendem a permanecer escondidos debaixo de objectos durante o dia.

Gestão

- **Minimizar a humidade, remover os detritos** - Os problemas com estas pragas no Kentucky coincidem frequentemente com tempo excessivamente húmido; paciência e condições mais secas corrigem frequentemente o problema. A medida mais eficaz e de longo prazo para reduzir a entrada de milípedes (e de muitas outras pragas) é minimizar a humidade e os esconderijos, especialmente junto aos alicerces. Folhas, aparas de relva, acumulações pesadas de cobertura vegetal, tábuas, pedras, caixas e outros objectos semelhantes que se encontrem no chão junto aos alicerces devem ser removidos, uma vez que muitas vezes atraem e abrigam pragas. Os objectos que não podem ser removidos devem ser elevados do chão.

Não permita que a água se acumule perto dos alicerces ou no espaço de rastejamento. A água deve ser desviada da parede dos alicerces através de caleiras, bicas e blocos de proteção que funcionem corretamente. Torneiras com fugas, canos de água e unidades de ar condicionado devem ser reparados, e os aspersores de relva devem ser ajustados para minimizar as poças de água. As casas com drenagem deficiente podem necessitar da instalação de telhas ou drenos, ou da inclinação do terreno para que a água superficial seja drenada para longe do edifício. A humidade nos espaços de rastejamento e nas caves deve ser reduzida através de ventilação adequada, bombas de drenagem, coberturas de solo em polietileno, etc.

Uma vez que os milípedes se desenvolvem frequentemente na

camada húmida e densa de colmo dos relvados mal mantidos, a remoção do colmo do relvado e a manutenção da relva cortada a curta distância devem tornar o relvado menos adequado para os milípedes. A rega excessiva ou a rega durante a noite também podem contribuir para os problemas dos milípedes.

- **Vedar os pontos de entrada de pragas** - Vedar as fendas e aberturas nas paredes exteriores dos alicerces e à volta da parte inferior das portas e das janelas da cave. Instale varreduras ou soleiras bem ajustadas na base de todas as portas de entrada exteriores e aplique calafetagem ao longo do rebordo exterior inferior e dos lados das soleiras das portas. Vede as juntas de dilatação onde os pátios exteriores, os solários e os passeios confinam com a fundação. As juntas de dilatação e as folgas também devem ser reduzidas ao longo da parte inferior das paredes da cave, no interior, para reduzir a entrada de pragas e humidade do exterior.
- **Insecticidas** - ***A aplicação de insecticidas ao longo dos rodapés e noutras áreas interiores da casa é de pouca utilidade para controlar os milípedes. A maior parte dos milípedes errantes que vão parar às cozinhas, salas de estar, etc., morrem rapidamente por falta de humidade. A remoção com um aspirador ou uma vassoura é tudo o que é necessário.*** Os insecticidas podem ajudar a reduzir a invasão interna destas e de outras pragas quando aplicados no exterior, ao longo da parte inferior das portas exteriores, à volta das entradas de espaços de

rastejamento, aberturas de ventilação dos alicerces e aberturas de serviços públicos, e por baixo do revestimento. Também pode ser útil tratar ao longo do solo ao lado da fundação, em canteiros de plantas ornamentais e de cobertura vegetal, e alguns metros acima da base da parede da fundação. As acumulações pesadas de cobertura vegetal e de folhagem devem ser primeiro removidas para expor as áreas de esconderijo das pragas. O tratamento com inseticida também pode ser necessário ao longo das paredes interiores dos alicerces de espaços húmidos e caves inacabadas. Vários insecticidas vendidos em lojas de ferragens, relvados e jardins são eficazes, incluindo Sevin, Dursban e piretróides sintéticos (por exemplo, Spectracide Bug Stop, Ortho Home Defense System). O tratamento pode ser efectuado com uma bomba de ar comprimido ou com um pulverizador de mangueira. As formulações de pó (por exemplo, sílica get, terra de diatomáceas) também funcionam bem para tratar fendas, orifícios de drenagem e aberturas semelhantes na fundação.

1.3 Milípedes comuns do Kentucky - Spirobolid Millipedes

Os milípedes espirobólidos têm uma forma cilíndrica e deslocam-se muito lentamente. São comuns numa grande variedade de habitats, incluindo jardins e florestas ou qualquer lugar com sombra e solo húmido.

Figura 11.3 Milípede da América do Norte

Um milípede espirobólido de 4" é comum nas florestas do leste do Kentucky. É preto com marcas roxas e vermelhas, e é por vezes chamado de "milípede norte-americano", *Narceus americanus*. É o maior milípede do Kentucky. Os caminhantes no desfiladeiro do Rio Vermelho e nas áreas circundantes vêem frequentemente esta impressionante criatura. O milípede norte-americano é também por vezes designado por "milípede cor-de-rosa" e "milípede com nervuras vermelhas do leste". O exemplar da foto foi fotografado na região do Lago do Rio Laurel, no Kentucky.

11.4 Milípedes planos

Os milípedes mais comuns são cilíndricos, mas os milípedes da ordem Polydesmida são achatados.

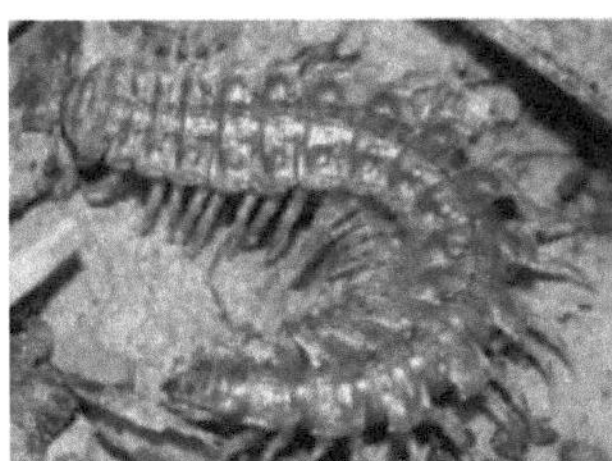

Figura 11.4 Milípedes de dorso plano

Os milípedes encontram-se debaixo de troncos, pedras ou tapetes de folhas mortas. Conservam-se melhor em álcool. É preciso ter cuidado quando se apanha uma: podem segregar um líquido que mancha as mãos e a roupa. As centopeias movem-se lentamente e, normalmente, é fácil obter uma boa fotografia. Mas seja paciente ao fotografar milípedes. Quando um milípede é "descoberto" pela primeira vez debaixo de uma pedra ou de um tronco, normalmente enrola-se numa bola. Se quiser fotografar uma centopeia desenrolada, espere um ou dois minutos e a centopeia começará a mexer-se.

11.5 Mais informações sobre os milípedes

Os milípedes são invertebrados cilíndricos ou ligeiramente achatados. Não são insectos - estão mais próximos das lagostas, dos camarões e dos lagostins. A palavra

"Milípede" traduz-se por "mil pés" - mas embora os milípedes tenham muitos pés, nenhum deles tem exatamente mil.

A maioria das espécies tem, de facto, menos de uma centena. Os corpos das centopeias estão divididos em vários segmentos, e cada segmento tem dois conjuntos de patas que se fixam na parte inferior do corpo. As centopeias têm um aspeto muito diferente das suas primas centopeias, que têm um conjunto de patas por segmento, que se fixam nos lados do corpo.

Existem 7.000 espécies de milípedes no mundo, e 1.400 delas ocorrem nos Estados Unidos e no Canadá. Os mais pequenos têm menos de uma polegada (2,5 centímetros) de comprimento, mas o milípede espirobólido comum pode crescer até mais de cinco polegadas (13 centímetros).

- **Gama**

Os milípedes podem ser encontrados em todos os estados dos EUA, incluindo o Alasca e o Havai, bem como em Porto Rico e nas Ilhas

Virgens Americanas. O solo húmido por baixo de folhagem em decomposição ou cobertura vegetal é o principal habitat de uma centopeia. As centopeias não têm ferrões ou pinças para se defenderem de predadores como aves, sapos e pequenos mamíferos. Em vez disso, contam com o seu exoesqueleto duro como primeira linha de defesa. Algumas espécies podem mesmo produzir cianeto de hidrogénio, um líquido nocivo que é tóxico para pequenos animais. Por vezes, as centopeias entram nas caves, mas são geralmente inofensivas para as casas e para as pessoas.

- **Dieta**

Os milípedes movem-se lentamente através do solo e da matéria orgânica, decompondo a matéria vegetal morta e rejuvenescendo o solo, tal como as minhocas. Quando se tornam demasiado abundantes, por vezes danificam as plântulas nos jardins.

- **História de vida**

As centopeias põem os seus ovos no solo em cada primavera. Quando as crias eclodem, têm apenas alguns pares de patas. Após cada muda, ganham novos segmentos e pernas até atingirem a idade adulta. Após a muda, as centopeias consomem os seus exoesqueletos para recuperar nutrientes valiosos.

A esperança de vida dos milípedes varia muito consoante a espécie. Os milípedes gigantes africanos não nativos são frequentemente mantidos como animais de estimação e podem viver mais de sete anos.

- Conservação

Ainda há muito que não sabemos sobre os milípedes e a sua conservação. Muitas pessoas só se preocupam com os milípedes quando as criaturas se aventuram nos seus jardins ou casas. Os milípedes não mordem, não picam, nem infestam alimentos, tecidos ou madeira, e são geralmente benéficos para os jardins, uma vez que decompõem a matéria vegetal em decomposição. Quando se tornam incómodas, podem ser controladas removendo a folhagem, as plantas em decomposição e as fontes de humidade das proximidades da casa.

11.5 Centopéia ou milípede? Qual é a diferença?

Algumas caraterísticas únicas ajudam a definir qual dos nossos amigos de muitas patas é qual.

Tanto as centopeias como as centopeias são constituídas por segmentos que se unem para formar um corpo longo. Com esta forma corporal em comum, pode ser difícil distinguir as duas à primeira vista. Aqui ficam algumas dicas para detetar as diferenças:

- As centopeias têm dois pares de patas por segmento, posicionadas diretamente por baixo do corpo. As centopeias têm um par de patas por segmento posicionadas lateralmente ao corpo.
- As centopeias comem sobretudo insectos depois de os matarem com o seu veneno. As centopeias alimentam-se de plantas em decomposição.
- Se olharmos de lado, as centopeias têm um corpo mais achatado, enquanto os milípedes são mais arredondados.
- Reagem às ameaças de formas diferentes. Uma centopeia enrola-se e liberta uma secreção malcheirosa. As centopeias podem morder (o que é normalmente inofensivo para os seres humanos) e fugir rapidamente.

Figura 11.5 Centopeia

Estes dois também têm o suficiente em comum para os tornar "primos" no reino animal.

- Os cientistas agruparam-nas devido à semelhança dos seus corpos segmentados .
- Ambos têm uma visão fraca ou inexistente e dependem de outros sentidos, como a sensação de vibrações.
- Preferem viver em ambientes escuros, razão pela qual poderá tê-los visto num canto sem luz da sua cave.
- As espécies mais longas de cada um medem cerca de 15 cm de

comprimento.

Dizer não ao "Não!"

É claro que podem não ser os seres mais agradáveis para algumas pessoas. Há, no entanto, muito para observar e verá que são realmente fascinantes! No Museu Carnegie de História Natural, a Assistente de Curadoria Catherine Giles e a Assistente de Coleção Vanessa Verdecia estudam estes animais e muitos outros na Secção de Zoologia de Invertebrados. Cientistas como elas em todo o mundo precisam da sua ajuda!

Não há muitos estudos conhecidos sobre centopeias ou milípedes, apesar de serem incrivelmente comuns e estarem espalhadas por todo o mundo. Catherine disse que aconselhava as pessoas a não dizerem "Não!" quando se trata de centopeias e milípedes. Em vez disso, devemos ser curiosos. Os estudos devem ser efectuados no terreno com espécimes vivos (ecologia) e em laboratórios ou gabinetes, classificando os espécimes (taxonomia).

Existem mais de 3.000 espécies de centopeias conhecidas e uma estimativa de 8.000 espécies. Existem mais de 7.000 espécies conhecidas e 80.000 espécies estimadas de centopeias. Os milípedes podem ser encontrados em zonas florestais húmidas, enquanto as centopeias preferem ambientes secos. Tente encontrar exemplos de ambas as espécies. Observa com mais atenção. Nota as diferenças aqui assinaladas? E as semelhanças? Se fosse estudar estas criaturas, preferia estar no local ou no laboratório? Não há uma resposta errada, desde que não digas "Não!".

Facto curioso

"Milli" é um prefixo latino para 1.000 e "centi" para 100. No entanto, não se pense que é exatamente o número de pernas que cada um tem no corpo inteiro!

Algumas espécies de milípedes podem ter até 750 patas. As centopeias podem ter mais de 350 patas.

Millipede

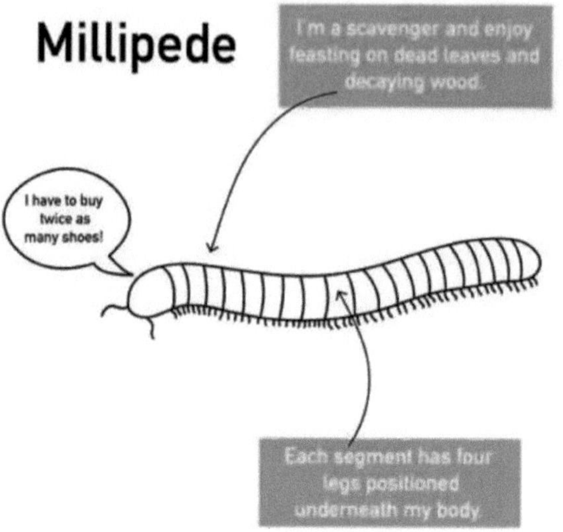

Centipede

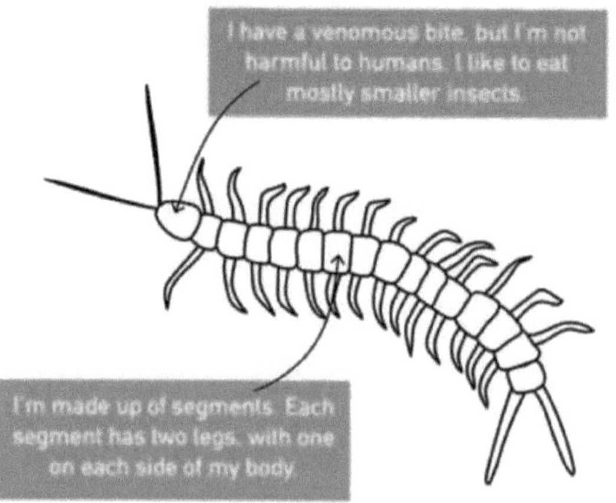

Perguntas de escolha múltipla

1. Este grupo é vulgarmente conhecido como "pau-marinho

(a) Poríferos

(b) Coelenterados

(c) Artrópodes

(d) Equinodermatas

2. Não pertence ao Filo Coelenterado

(a) Pepino do mar

(b) Pena do mar

(c) Caneta do mar

(d) Ventoinha do mar

3. Um celenterado que é comummente designado por "pólipo de água doce" é

(a) Obélia

(b) Physalia

(c) Hidra

(d) Aurelia 4.

4. Este é um carácter especial dos celenterados que só ocorre nestes animais

(a) Células de chama

(b) Hermafroditismo

(c) Nematocistos

(d) Polimorfismo

5. Os celenterados são

A) Diploblástico

B) Triploblástico

C) Monoblástico

D) Nenhuma das anteriores

6. O cone oral da Hidra é designado por

A) Manubrium

B) Boca

C) Osculo

D) Ostium

7. A simetria do pólipo é:

A. Bilateral

B. Regular

C. Irregular

D. Radial Nenhuma destas

8. O filo Cnidaria foi nomeado por:

A. Leukart

B. Aristóteles

C. Hatschek

D. Haeckel

9. O Mesohyl contém:

1. um gel de polissacáridos e células mortas.
2. um gel semelhante ao colagénio e células em suspensão para diversas funções.
3. espículas compostas por sílica ou carbonato de cálcio.
4. poros múltiplos.

10. A grande abertura central no corpo do parazoário é chamada de..:

1. gemmule
2. espícula.
3. ostia.

4. osculum.

11. A maioria dos planos corporais das esponjas são ligeiras variações de um desenho simples de um tubo - dentro de um tubo. Qual das seguintes é uma limitação fundamental dos planos corporais das esponjas?

1. As esponjas não possuem os tipos de células especializadas necessárias para produzir planos corporais mais complexos.
2. A dependência da osmose/difusão requer uma conceção que maximize a relação entre a área de superfície e o volume da esponja.
3. Os coanócitos devem ser protegidos do ambiente exterior hostil.
4. A esponja não pode suportar corpos pesados.

12. Os cnidócitos são encontrados em.

1. filo Porifera
2. filo Nemertea
3. filo Nematoda
4. filo Cnidaria

13. Os cubozoários são.

1. pólipos
2. medusoides
3. polimorfos
4. esponjas

14. Enquanto recolhe espécimes, um biólogo marinho encontra um cnidário séssil. As medusas que dele brotam nadam através da contração de um anel muscular nos seus sinos. A que classe pertence este espécime?

1. Classe Hydrozoa
2. Classe Cubozoa
3. Classe Scyphozoa
4. Classe Anthozoa

15. Que grupo de vermes planos são principalmente ectoparasitas de peixes?

1. monogénicos
2. trematódeos
3. cestodes
4. turbelários

16. O rhynchocoel é um.

1. sistema circulatório
2. cavidade cheia de líquido
3. sistema excretor primitivo
4. probóscide

17. Os anelídeos têm (a):

1. pseudoceloma.
2. verdadeiro celoma.
3. sem celoma.
4. nenhuma das anteriores

18. O manto e a cavidade do manto estão presentes em:

1. filo Echinodermata.
2. filo Adversoidea.
3. filo Mollusca.
4. filo Nemertea.

19. Como é que a segmentação melhora a locomoção dos anelídeos?

1. A segmentação cria estruturas corporais repetitivas para que todo o organismo funcione em sincronia.
2. A segmentação permite a especialização de diferentes regiões do corpo.
3. A segmentação neural permite que os anelídeos localizem as sensações.
4. As contracções musculares podem ser localizadas em regiões específicas do corpo para coordenar o movimento.

20. O desenvolvimento embrionário nos nemátodos pode ir até à fase larvar
etapas.
1. um
2. dois
3. três
4. cinco

21. A cutícula do nemátodo contém ______.
1. glicose
2. células da pele
3. quitina
4. células nervosas

22. Os crustáceos são ______.
1. ecdysozoários
2. nemátodos
3. aracnídeos
4. parazoários

23. As moscas são ______.

1. quelicerados
2. hexápodes
3. aracnídeos
4. crustáceos

24. Qual das seguintes não é uma vantagem fundamental proporcionada pelo exosqueleto dos artrópodes terrestres?

1. Evita a dessecação
2. Protege os tecidos internos
3. Fornece suporte mecânico
4. Cresce com o artrópode durante toda a sua vida

25. Os equinodermes têm ______.

1. simetria triangular
2. simetria radial
3. simetria hexagonal
4. simetria pentaradial

26. O fluido circulatório nos equinodermes é ______.

1. sangue
2. mesotilo
3. água
4. salina

27. Qual das seguintes caraterísticas não distingue o ser humano como um membro do filo Chordata?

1. Os embriões humanos sofrem uma clivagem indeterminada.
2. A medula espinal corre ao longo do lado dorsal de um ser humano adulto.
3. Os embriões humanos apresentam arcos faríngeos e fendas

branquiais.

4. O cóccix humano forma-se a partir de uma cauda embrionária.

28. O táxon irmão dos Chordata é o ______.

1. Mollusca
2. Artrópodes
3. Ambulacraria
4. Rotifera

Pergunta subjectiva

1. Escrever uma nota sobre a origem da multicelularidade?
2. Como é que os animais se originaram na terra?
3. Indicar as caraterísticas gerais do filo Porifera?
4. Escrever uma nota sobre a parede do corpo e o esqueleto das esponjas?
5. Escrever uma nota sobre o sistema de canais nas esponjas?
6. Discutir o sistema de canais nas esponjas.
7. Nota de escrita Sistema de canais do tipo Ascon.
8. Escreva uma nota sobre o sistema de canais do tipo Leucon.
9. Escreva uma nota sobre o sistema de canais do tipo Sycon.
10. Escreve uma nota sobre a nutrição das esponjas.
11. Discutir a coordenação nas esponjas.
12. Escreva uma nota sobre a reprodução sexual nas esponjas.
13. Escrever uma nota sobre a reprodução assexuada nas esponjas.
14. O que é a simetria biradial? Apresentar as caraterísticas gerais do filo cnidaria.
15. Escreva uma nota sobre a parede corporal dos Cnidários.
16. Escrever uma nota sobre o nematocisto?

17. Escrever uma nota sobre a alternância de geração das esponjas.
18. Descrever a nutrição nos cnidários.
19. Dar suporte em cnidários.
20. Coordenação de dar em cnidários.
21. Indicar as caraterísticas gerais do filo Ctenophora.
22. Escreve uma breve nota sobre Pleurobrachia.
23. Discutir a posição taxonómica dos Cnidários e Ctenóforos.

Referências

1. 2017, Kotpal RL, Modern Text Book of Zoology - Invertebrates, 11.ª edição, Publicações Rastogi.
2. 2018, Jordan EL e Verma PS, Invertebrate Zoology, 14ª edição, S Chand Publishing.
3. 2003, C. Hickman Jr., L. Roberts e A Larson, Animal Diversity, 3ª ed., Nova Iorque: McGraw-Hill.
4. 2003, R. C. Brusca e G. J. Brusca, Invertebrates, Segunda Edição, Sunderland, Massachusetts: Sinauer Associates.
5. 1988, Englund PT, Sher A, The Biology of Parasitism, A Molecular and Immunological Approach. Alan R. Liss, Nova Iorque, 1988 .
6. 1989, Goldsmith R, Heyneman D, Tropical Medicine and Parasitology, Appleton and Lange, East Norwalk, CT.
7. 1985, Lee JJ, Hutner SH, Bovee EC, An Illustrated Guide to the Protozoa, Society of Protozoologists, Lawrence, KS.
8. 1994, Kotler DP, Orenstein JM, Prevalence of Intestinal Microsporidiosis in HIV-infected individuals referred for gastrointestinal evaluation, J Gastroenterol.
9. 1994, Neva FA, Brown H: Basic Clinical Parasitology, 6ª edição, Appleton & Lange, Norwalk, CT.

BIOGRAFIA DO AUTOR

AUTOR CORRESPONDENTE

O Sr. M. Karthigeyan é professor assistente no Departamento de Zoologia do Arumugam Pillai Seethai Ammal College, Tiruppattur, distrito de Sivagangai, Tamilnadu, na Índia. Tem 19 anos de experiência de ensino. Publicou 2 patentes de utilidade aprovadas pelo Governo da Índia. Publicou 12 artigos de investigação em várias revistas de renome e apresentou 15 em vários seminários nacionais e internacionais. Publicou 2 livros com número ISBN. Também participou em 5 workshops, 5 cursos de atualização, 35 seminários e conferências. Para simplificar e enriquecer os conceitos de Zoologia para os estudantes de licenciatura, deu um passo em frente para publicar este livro.

meenuharshi@gmail.com do correio

Número de telefone: 8870141559

Printed by Books on Demand GmbH, Norderstedt / Germany